U0222882

藏在经典里的气象科学

古代战争中的
气象科学

姜永育 著

河北出版传媒集团
河北少年儿童出版社
·石家庄·

图书在版编目（CIP）数据

古代战争中的气象科学 / 姜永育著 . — 石家庄 :
河北少年儿童出版社 , 2024.6
（藏在经典里的气象科学）
ISBN 978-7-5595-6659-1

Ⅰ . ①古… Ⅱ . ①姜… Ⅲ . ①气象学 – 少儿读物
Ⅳ . ① P4-49

中国国家版本馆 CIP 数据核字（2024）第 095766 号

藏在经典里的气象科学

古代战争中的气象科学

GUDAI ZHANZHENG ZHONG DE QIXIANG KEXUE

姜永育◎著

出 版 人：段建军　　选题策划：胡仁彩
责任编辑：翁永良　杨学涓　赵　正　欧阳美玲　　美术编辑：孟恬然
插图绘画：朱媛媛　思　梦　　封面绘画：上超工作室

出版发行　河北少年儿童出版社
地　　址　石家庄市桥西区普惠路 6 号　邮编　050020
经　　销　新华书店
印　　刷　河北省武强县画业有限责任公司
开　　本　787 毫米 ×1092 毫米　1/16
印　　张　8.5
版　　次　2024 年 6 月第 1 版
印　　次　2024 年 6 月第 1 次印刷
书　　号　ISBN 978-7-5595-6659-1
定　　价　36.00 元

蚩尤作雾困黄帝

——涿鹿之战的大雾真相

距今大约4600年前，在广袤的华北大平原上，黄帝部族与蚩尤部族进行了一场旷世大战，这就是著名的涿鹿之战。

这场战争打得十分激烈，并且留下了许多神话故事，其中就有蚩尤作大雾围困炎黄联军的传说：蚩尤喷云吐雾，使大地笼罩在浓浓的雾气之中，炎黄大军无法辨别方向，形势十分危急。最后，黄帝手下一个叫风后的大臣在北斗星的启示下，发明了指南车，于是，炎黄联军顺利冲出大雾围困，并取得了最终的胜利。

蚩尤作大雾围困黄帝，可以说是古代战争中较早利用气象要素的事例之一。下面，咱们一起来分析分析这场战争吧。

战争缘起

先来看看交战双方的情况。战争的一方是炎黄联军，即黄帝部族和炎帝部族组成的华夏联盟，这两大部族分别兴起于今天的陕西北部和陕西渭水中游。他们之间先是发生了一场大战，黄帝部族打败炎帝部族，建立了炎黄联盟，之后，两大部族沿着黄河南北两岸，自西向东发展，目标直指今天的华北大平原。另一方是蚩尤领导的九夷部族，这个部族位于黄河下游，根据地在今天的山东一带，他们自东向西发展，目标也是华北大平原。于是，一场大战不可避免地在华北大平原爆发了。

九夷部族先是和炎帝部族发生了正面冲突。蚩尤族人善于制作兵器，他们的铜制兵器精良坚利，加上有巨人夸父部族助战，所以很快击败炎帝部族，一举占据了炎帝部族的地盘。为了生存，炎帝不得不向黄帝求援。

为了维护华夏联盟的整体利益，黄帝不假思索地答应了炎帝的请求，他率领以熊、罴、狼、豹、雕、龙、鸮等为图腾的氏族，浩浩荡荡地向华北大平原进发，并在涿鹿一带与九夷部族展开了生死大战。

战神蚩尤

面对炎黄联军，九夷部族并不畏惧，因为他们有巨人夸父部族相助，也算得上是一支联军。

更重要的是，九夷部族的领袖蚩尤是个十分厉害的角色，在中国神话传说中，他是个不折不扣的战神。汉朝奇书《龙鱼河图》说："黄帝摄政，有蚩尤兄弟八十一人，并兽身人语，铜头铁额，食沙、石子，造立兵仗、刀戟、大弩，威振天下，诛杀无道。"南朝梁文学家的著述《述异记》说："蚩尤氏，耳鬓如剑戟，头有角，与轩辕斗，以角抵人，人不能向。"通过这两则神话传说，我们可以看出，不但蚩尤十分勇猛，无人可敌，而且他手下的八十一个兄弟也都是"兽身人语"的猛人，他们铜头铁额，刀枪不入，打起仗来勇猛无比。此外，蚩尤还有一项特殊的本领——喷云吐雾。

战争之初，炎黄联军根本抵挡不住这些类似妖魔的怪人，九战九败。黄帝经历了有生以来最大的失败，迫不得已，他请了一些神仙来帮忙，炎黄联军才终于挡住了蚩尤部族的猛攻，战争慢慢进入胶着状态。

作雾困联军

为了彻底打败炎黄联军，蚩尤想出了一条计策，利用大雾围困，然后分而歼之。这天晚上，他张开大口，喷出滚滚雾气，一时间，树林不见了，河流不见了，山丘不见了……整个大地被浓雾笼罩了起来。大雾持续了三日三夜，炎黄联军完全迷失了方向，陷入十分危险的境地，连神仙也爱莫能助了。

关于这场大雾，许多古籍均有记载，如北宋刘恕编撰的《通鉴外纪》中说："轩辕征师与蚩尤战于涿鹿之野，蚩尤为大雾，军士昏迷。"这里的"军士昏迷"，说明这场雾严重影响视线，使得炎黄部族的士兵无法辨别方向。

在雾气掩护下，蚩尤大军从四面八方悄悄逼近，准备随时屠戮联军。在这生死存亡的关键时刻，黄帝手下一个叫风后的大臣站了出来，他根据北斗星的启示，发明了一种指南车。这种车上站着一个木制的小人，一只手举起来，任凭车子怎样变换方向，那只举起的手总是指向南方。关于这种指南车，《宋史·舆服志》记载得十分详细：

> 指南车，一曰司南车……上有仙人，车虽转而手常南指……黄帝与蚩尤战于涿鹿之野，蚩尤起大雾，军士不知所向，帝遂作指南车。

在指南车的指引下，联军终于辨明方向，顺利冲出大雾围困，粉碎了蚩尤一举歼灭联军的企图。经此一役，蚩尤部族士气低落，而炎黄联军则士气高涨，最终擒杀蚩尤，取得了这场大战的胜利。

涿鹿大雾的真相

蚩尤作雾，在许多神话传说中均有描述。据气象专家分析，这些传说也许并非空穴来风，它说明在当时的涿鹿战场上，很可能真的出现过一场持续时间较长的弥天大雾。

首先，我们来看看涿鹿的地理地形。涿鹿在今天的河北省涿鹿县，地处河北省西北部、桑干河下游，与张家口市下花园

区和北京市郊区相接。这里的地貌以丘陵为主，南、西、北三面环山，只有东面比较开阔，地形类似喇叭口，水汽只能进不能出，东面来的水汽进入涿鹿境内后，很容易在此聚积形成大雾。而大雾一旦形成，由于地形闭塞，风力微弱，空气流通不畅，往往会持续较长时间。

接着，我们来看看涿鹿的气候特征。由于海拔高低悬殊，地形复杂，涿鹿的气候呈现出垂直和水平分异的特点，境内气候多变，四季分明：春季一般比较干旱，常出现大风和低温天气；夏季凉爽短暂，雨量集中；秋季气候凉爽，气温下降快；冬季严寒，冻期长达五个月。秋季最容易出现大雾，因为这个时候天空云量少，气温下降快，由于辐射冷却作用，夜间地表很容易使近地气层水汽凝结，形成辐射雾。

◆涿鹿地形

据考证，涿鹿之战持续的时间较长，其中主要的交战时间是秋季，因此出现弥天大雾并不奇怪。而神话传说之所以说这场大雾是蚩尤喷吐出来的，主要原因是蚩尤部族生活的地区是山东一带，紧挨着华北大平原，蚩尤族人算是“主场”作战，对这种大雾早就习以为常，加上他们对地理地形比较熟悉，行动不受雾气阻碍，因此后人误认为这场雾是蚩尤施放的。而炎黄联军来自陕西一带，那里气候比较干燥，大雾出现的概率很小，所以当大雾弥天、持续几天不散时，士兵们会无法辨别方向，严重者也许还会出现昏迷的症状。

如何利用指南针辨别方向？

风后制作的小木人便是指南针的雏形。指南针又称指北针，其主要组成部分是一根装在轴上的磁针，这根磁针在天然地磁场的作用下，始终指向地理北极——利用磁针的这一性能，人们便可以在浓雾弥漫时辨别方向而不会迷路了。所以，在野外时最好配备一张地图和一个指南针。当大雾弥漫时，首先拿出地图，将地图的北方转至与指南针相同的方向，然后决定朝哪个方向走；其次，循着指南针所指的方向，选定一个容易辨认的目标（如岩石、乔木、蕨叶等），到达这一目标后，再利用指南针寻找前面的另一个目标——连续使用这个方法，直至脱离雾区为止。

◆指南针

风伯雨师战旱魃

——神仙打架背后的天气密码

在涿鹿之战中，蚩尤和黄帝都请了不少神仙帮忙，黄帝这边主要是应龙和魃，而蚩尤那边则是风伯和雨师。据《山海经·大荒北经》记载："蚩尤作兵伐黄帝，黄帝乃令应龙攻之冀州之野。应龙畜水，蚩尤请风伯雨师，纵大风雨。黄帝乃下天女曰魃，雨止，遂杀蚩尤。"这段话的意思是：蚩尤率领大军讨伐黄帝，黄帝命令应龙攻击蚩尤盘踞的冀州平原。应龙蓄满了水，还没来得及发动攻击，蚩尤便请来了风伯、雨师，两位大神一顿猛操作，天上很快降下了大风大雨。黄帝一看情形不对，赶紧请来了天女魃，她一来，风停雨止，蚩尤没辙，最后战败被杀。

从上面的记载中，我们可以看出，风伯、雨师比应龙厉害，而魃又比风伯、雨师厉害，可谓一物降一物。那么，他们各自代表的天气现象是什么呢？现实中的涿鹿之战又是怎么一回事呢？

神仙们的身份

咱们先来了解一下四位神仙的身份。

首先出场的神仙是应龙。应龙是古代神话传说中的一种龙，据三国时期的《广雅》一书记载，应龙的形象特征为有翼（即长有翅膀），能够在天上飞来飞去。它的攻击方式主要是喷水，即在作战之前，从江河中吸蓄足够的水，然后再把这些水喷向敌人。

◆应龙

然后出场的神仙是风伯和雨师。神话中的风伯就是风神，也称作风师、飞廉、箕伯等。这位老兄的相貌十分奇特，他长着鹿一样的身子，全身布满了豹子一样的花纹，脑袋像孔雀头，却长着狰狞古

◆风伯

怪的角，此外，他还长着蛇一样的尾巴，一出场准会把人吓一跳。风伯掌管着八风，什么时候刮风、哪个方向刮风，都是他说了算。

雨师是风伯的老搭档，他的主要工作是下雨。在中国古代，雨师地位极高，人们求雨往往要祭祀他。雨师可以说是一个十分敬业的神仙，下雨的工作他一干就是几千年，直到唐宋以后，才逐渐被龙王取代。

◆雨师

最后出场的神仙是魃。魃也叫旱魃，关于她的形象，汉代《神异经》中有记载："长二三尺，袒身，而目在顶上，走行如风。"从这个记载中可以看出，魃不但身材矮小，而且眼睛长在头顶上，相貌古怪。这个行走如风的女子走到哪里，哪里就会滴雨不下，赤地千里，所有生物全部干渴而死，可以说十分可怕。

◆魃

水火不容的大战

熟悉了四位神仙的身份，下面咱们再来了解一下整个战争的过程。

根据《山海经 · 大荒北经》记载，这场神仙打架，黄帝命令应龙攻击蚩尤一方的军队，应龙是最先帮助黄帝作战的神仙。又据《宋书 · 符瑞志》记载："应龙攻蚩尤，战虎、豹、熊、罴四兽之力。"说明在涿鹿大战之前，应龙便按照黄帝的命令攻打蚩尤，并与虎、豹、熊、罴四兽展开过激烈战斗。这一次，接到黄帝命令后，应龙蓄积了足够多的河水，准备给予蚩尤致命一击。蚩尤得知消息后，赶紧请来了风伯和雨师。两位大神到来后，立刻刮起倒山拔树的狂风，降下倾盆大雨，很快，大地上波浪滔天，一片汪洋。应龙蓄积的河水不但没有派上用场，反而朝自家的军队倾泻过去，黄帝和炎帝的联军顿时一片大乱。

好在黄帝并没有慌乱，他迅速施展法力，召唤天女魃助战。旱魃一到来，大风大雨立即停止，太阳从云层中钻出来，火辣辣地照耀着大地，不一会儿，地面上的水便消失得无影无踪。风伯、雨师一看老对手到来，吓得赶紧逃跑。炎黄联军乘机发动反攻，蚩尤部落大败，最后，不可一世的蚩尤被联军擒获了。

战争背后的真相

正如蚩尤作雾困黄帝一样，以上所说的神仙打架也是神话传说。

据考古发现，距今5000年至4000年前，华夏大地的自然环境曾发生过一次比较大的变化。在这期间，出现了气温持续升高、冰川不断融化、暴雨骤降骤止等异常现象，而涿鹿之战，正好发生在气候由平稳到波动的这个时期内。气象专家指出，应龙、风伯、雨师和旱魃等各路神仙，应该都能在真实天气中找到原型。

首先来说说应龙。专家分析认为，应龙很可能是一种剧烈的天气现象——龙卷风。因为涿鹿之战的战场华北大平原，前期可能正处于气温持续升高的阶段，空气对流运动十分频繁，很容易生成龙卷风。我们都知道，龙卷风是积雨云底部垂下的狭长漏斗状云，它可以把海水或河水卷上天空，看

◆龙卷风

上去很像神话传说中的龙。这些龙卷风估计在蚩尤部落营地一侧出现的频率较高，并造成了一定的灾害，所以后人将之神话成帮助黄帝作战的应龙。

也正是因为气温高，水汽足，加上涿鹿一带的喇叭口地形，很容易形成大风暴雨天气。风雨天气不但不会影响来自东方多雨环境的蚩尤族，反而更便于他们开展军事行动，也就是说，蚩尤族人擅长打水仗。可是，对于来自西方干旱地区的炎黄联军来说，这种天气无疑是一种灾难，所以在战争初期，炎黄联军受天气影响而连吃败仗。不过，随着时间的推移，雨季过去，天气转好，华北平原出现了较长时间的连晴天气，擅长旱地作战的炎黄联军迎来了转败为胜的契机，最终打败蚩尤，取得了胜利。后人根据战争中的这些天气特征，虚构出了风伯、雨师、旱魃等神话人物形象。

战后何以发生干旱

据史料记载，涿鹿大战之后，华北平原出现了较长时间的干旱天气，这是为什么呢？

据神话传说，这是因为旱魃下界帮助黄帝打败蚩尤后，自身能量耗尽以致无法回到天上，只能待在人间，但由于她是旱神，她待在哪里，哪里便滴雨不下，华北大地便出现了长时间的干旱。

传说归传说。气象专家分析认为，战争后出现长时间干旱，主要原因有两点。第一，前期降雨过多。俗话说“久雨必有久晴”，意思是前期长时间下雨，后期必然会有长期的晴好天气。而从水资源分布的科学角度来说，大涝与大旱往往是“孪生兄弟”，大涝之后有大旱，这种现象虽然不是绝对的，但发生的概率较高。第二，气候环境发生了变化。战争之后，气候恰好由平稳转为波动，由于大气环流发生变化，导致进入华北平原的水汽大幅度减少，水汽不足，难以成云致雨，所以出现了长时间的干旱天气。

◆龟裂的土地

如何应对干旱天气？

应对干旱，首先要关注气象部门发布的干旱预警。干旱预警信号分为两级，分别以橙色、红色表示。

橙色预警标准：预计未来一周综合气象干旱指数达到重旱（气象干旱为25~50年一遇），或者某一县（区）有40%以上的农作物受旱。防御指南：1. 有关部门和单位按照职责做好防御干旱的应急工作；2. 有关部门启用应急备用水源，调度辖区内一切可用水源，优先保障城乡居民生活用水和牲畜饮水；3. 压减城镇供水指标，保障经济作物灌溉用水，限制大量农业灌溉用水；4. 限制非生产性高耗水及服务业用水，限制排放工业污水；5. 气象部门适时进行人工增雨作业。

红色预警标准：预计未来一周综合气象干旱指数达到特旱（气象干旱为50年以上一遇），或者某一县（区）有60%以上的农作物受旱。防御指南：1. 有关部门和单位按照职责做好防御干旱的应急和救灾工作；2. 各级政府和有关部门启动远距离调水等应急供水方案，采取提外水、打深井、车载送水等多种手段，确保城乡居民生活用水和牲畜饮水；3. 限时或者限量供应城镇居民生活用水，减少或者阶段性停止农业灌溉供水；4. 严禁非生产性高耗水及服务业用水，暂停排放工业污水；5. 气象部门适时加大人工增雨作业力度。

风沙吹散霸王军

——拯救刘邦的沙尘暴天气

彭城之战，是楚汉相争的一场著名战役。

在这场大战中，西楚霸王项羽指挥 3 万楚军，仅仅半日便打败了刘邦率领的 56 万汉军，成为古代战争中以少胜多、速战速决的典范。不过，就在西楚军队将刘邦及其残部层层包围、准备一举歼灭之时，一场猛烈的大风挟带着沙石不期而至，将楚军吹得七零八落，刘邦乘机逃脱，之后东山再起灭掉西楚，建立了继秦之后的大帝国——汉王朝。

这场战役的具体情形如何？战争中的大风沙石又是什么天气现象？下面，咱们一起来分析分析吧。

两军相差悬殊

首先来看看汉军。此前，项羽派心腹杀死了义帝楚怀王，天下人对此议论纷纷，都觉得项羽这样做有违道义，刘邦趁此机会联合五路诸侯，打着伸张正义的旗号共同伐楚，因此从道义上说，汉军师出有名。第二，汉军的大部分士兵是江苏人，他们跟着刘邦东征西战，这次好不容易可以打回老家江苏，所以士气高涨，人人奋勇当先。第三，刘邦率领的诸侯联军兵强马壮，总兵力达到了 56 万，规模十分宏大。

与汉军相比，楚军的处境十分不妙。第一，盟友背叛。由于项羽派人杀死了楚怀王，诸侯纷纷谴责他，并迅速倒向了刘邦一方，因此西楚在政治上陷入了孤立的境地。第二，腹背受敌。项羽此时正率领楚军攻打齐国，由于齐国全民皆兵，团结一致，楚军深陷其中，一时难以取胜，现在又要面临强大的汉军攻击，两面作战，处境十分危险。第三，兵力悬殊。项羽的楚军主力都在齐国境内，能抽调出来的机动部队只有数万人，与汉军数量悬殊。

必须夺回彭城

汉二年（公元前 205 年）四月，大战拉开了序幕，刘邦率领 56 万大军，向着楚国的国都——彭城进发。彭城即今天的江苏省徐州市，春秋战国时期，彭城属宋，后归楚，秦统一后设彭城县，楚汉时期，西楚霸王项羽在这里建立了都城。

彭城可以说是项羽的大后方，一旦被汉军占领，楚国便失去了根据地。然而，此时项羽大军远在山东作战，彭城中只剩下几千老弱士兵。听说刘邦大军攻来，这些士兵知道打也是白打，于是纷纷放下武器，眨眼间便跑得干干净净。汉军不费吹灰之力占领了彭城，刘邦和将士们得意扬扬，每天置酒聚会，吃吃喝喝。

有人得意，自然就有人失意。得知彭城失守，项羽气得暴跳如雷，都城被人端了，不但关乎面子，更重要的是以后没地儿可去了。不行，必须把彭城夺回来！项羽连夜召集谋士和将领商议。会上，众人沉默不语，因为每个人心里都明白，一旦大军回撤攻打汉军，齐军必定在后面追击，这样楚军腹背受敌，将陷入极其不利的境地……见众人都不说话，项羽拍了拍桌子，做出了一个大胆的决定：留下诸将和大军继续攻打齐国，自己率 3 万骑兵疾驰南下夺回彭城。

3 万骑兵能打赢 56 万汉军吗？面对十多倍于己的敌军，这样会不会太冒险？楚军的将领和士兵们内心充满了疑惑和不安，甚至还有几分恐惧。不过，项羽决定的事情，那是九头牛都拉不回来的。很快，他便率领 3 万骑兵出发了。

发动闪电攻击

在这场大战开始之前，咱们先来了解一下项羽其人。据史书记载，项羽是一位以武力出众而闻名的武将，他高大威猛，力能扛鼎，有后人评价“羽之神勇，千古无二”。项羽不但神勇无比，而且是一位杰出的军事家，此次率领 3 万骑兵南下，他心里早就谋划好了战略战术：攻其不备，出其不意，闪

◆项羽塑像

电进击。

反观刘邦，由于出征以来顺风顺水，几乎没遇到过像样的抵抗，听说项羽只带了3万士兵南下，他呵呵一笑，根本不放在心上，每天依旧尽情享乐。不过，刘邦很快就为自己的轻率行为付出了惨重代价：项羽的骑兵先是在鲁国瑕丘（今山东济宁市兖州区东北）击败汉军大将樊哙，然后长驱直入，在彭城近郊与汉军主力相遇。汉军没想到楚军来得这么快，当时天还没完全亮，大部分士兵刚刚起床，头脑还未完全清醒，“不讲武德”的楚军忽然发动闪电攻击，汉军顿时乱作一团，自相践踏。这场大战清晨开始，中午结束，楚军大破汉军，斩杀敌首十余万——本来是一场实力悬殊的战斗，没想到变成了楚军单方面的屠戮。

这一仗大败之后，汉军彻底被打趴下，而刘邦也感到了前所未有的恐惧，赶紧撤出彭城，带领士兵拼命朝老巢方向逃跑。项羽则率楚军紧紧追击，在谷水和泗水这两条河附近，又歼灭了十余万汉军。刘邦继续南逃，一度想将彭城南面的吕梁山区作为根据地进行抵抗，但是项羽追得太猛了，汉军不但无法驻足，反而又有几万人被杀。最后，刘邦带领残余军队逃到了灵璧（在安徽省宿州市）以东的睢水，被楚军里三层外三层包围了起来。

风沙不期而至

正当项羽准备下达攻击命令，一举歼灭刘邦及其残军时，天气忽然发生了变化，一场猛烈的大风挟带着沙石不期而至。《史记》对这场风沙天气描述得十分详细："大风从西北而起，折木发屋，扬沙石，窈冥昼晦，逢迎楚军。楚军大乱，坏散，而汉王乃得与数十骑遁去。"这段话的意思是，大风从西北方向刮起，吹断了树木，掀翻了房屋，飞沙走石，天昏地暗，仿佛黑夜提前来临；狂风沙石迎面扑向楚军，楚军大乱，阵形溃散，汉王刘邦侥幸得以和几十个残兵逃跑了。从《史记》的记载我们可以看出，这场大风十分猛烈。对照风级标准，当时的风力应该在10级左右——这种风也叫狂风，其风速为24.5~28.4米/秒，可将树木拔起，使建筑物严重损坏。再结合飞沙走石、天昏地暗等情形来看，这应该是一场十分猛烈的沙尘暴。

沙尘暴是指强风从地面卷起大量沙尘，使水平能见度小于1千米的一种灾害性天气。它又分为沙暴和尘暴：沙暴是指大风把大量沙粒吹入近地层所形成的挟沙风暴，而尘暴则是大风把大量尘埃及其他细颗粒物卷入高空所形成的风暴。根据当时的情形判断，楚军遭遇的应该是沙暴。

沙尘暴主要发生在冬春季节，这是因为冬春季降水少，地表干燥松散，抗风蚀能力弱，当大风刮过时，就会有大量沙尘被卷入空中，从而形成沙尘暴天气。彭城之战发生在农历四月，正是春季向夏季过渡的时节，天气多变，经常会有大风骤起。而从刘邦被包围的灵璧地形来看，这一带地势北高南低，分布有山地、平原、河流、高滩等地貌，由于连年战争及过度开垦等原因，地表土质松散，植被稀少，加上睢水的沿河一带

◆沙尘暴形成原理

沙石较多，一刮大风便形成了沙尘暴。

这场沙尘暴是从西北方向刮来的，说明冷空气入侵的路径正是西北方，这股强冷空气与盘踞在本地的暖空气激烈交锋，形成大风后挟带沙石突然刮向楚军，很快将楚军的包围圈撕开一个大豁口，从而使得刘邦乘机逃脱——如果没有这场沙尘暴，刘邦很可能就此被杀掉，那这一段历史或许就要重写了。

野外遭遇沙尘暴怎么办？

第一，沙尘暴的速度很快，范围也很大，野外遭遇沙尘暴，如果附近有大树，应迅速躲在大树树干后面，以避开风沙正面袭击，但要谨防头顶树枝折断被砸伤。第二，在浅丘山区遭遇沙尘暴，可在山丘的背风面躲避，但如果是在平原地区，就要找一处地势低的地方，身体向沙尘暴的反方向卧倒，并把背包放在胸前。第三，如果驾车时遭遇沙尘暴，应立即停车，关好车窗和天窗，静待沙尘暴过去。

东风助力烧赤壁

——诸葛亮真能借东风吗

火烧赤壁，是《三国演义》中以少胜多、以弱胜强的一场经典战役。建安十三年（208 年），曹操在夺取荆州后，率领 83 万大军南下，企图一举灭掉刘备和孙权，孙刘联军在周瑜、诸葛亮的谋划下，先是利用东吴大将黄盖诈降，取得了曹操的信任，接着又让名士庞统献连环计，让曹军将战船连在一起，最后，诸葛亮亲自出马，筑七星坛借来三日三夜东南风——利用此风，吴军的火船烧着了曹军水寨，在熊熊大火的助力下，孙刘联军大获全胜，把曹操赶回了北方，从而形成了三国鼎立的局面。

这场火攻，周瑜和诸葛亮的计谋可谓环环相扣，每一个环节都设计得十分巧妙。不过，最关键的一环还是东南风，正所谓“万事俱备，只欠东风”。那么，东南风真是诸葛亮借来的吗？它在这场战役中的作用又有多大呢？

孙刘联盟

这场战争，可以说完全是由曹操的野心引发的。

建安十三年八月，荆州牧刘表病死，其子刘琮继任后，很快投降了曹操。曹操毫不费力便得到荆襄九郡，实力大增，他的野心像春天的野草一般，一夜间便疯长了起来。在荆州他屁股都还没坐热，便率领大军亲自追剿刘备，计划干掉刘备后，顺便把东吴的孙权也一并收拾了。

刘备和孙权自然不会坐以待毙。刘备之前和曹操彻底闹掰了，此时只有华山一条路，只能死磕到底。不过，长坂坡一场大战后，他那点儿人马更加少得可怜，只有挨打的份儿，根本没有还手之力。孙权倒是有不少人马，不过他当时有些犹豫，毕竟曹操太强了，他担心打不过，而手下的一些谋士也极力撺掇他投降。就在孙权迟疑不决时，诸葛亮受刘备委派来到东吴，先是舌战群儒，搞定了孙权手下的主降派，接着向孙权分析了当前的形势，并与孙权的得力助手周瑜和鲁肃一起劝说他和刘备合伙大干一场。孙权终于不再犹豫，决定和刘备联手共同对付曹操。

不过，当时孙刘联军加起来还不到 10 万人，而曹操的马步水军一共有 83 万。10 万对抗 83 万，孙刘联军能打赢曹操吗？

妙计环环相扣

硬拼当然不行。吴军统帅周瑜和诸葛亮商议后，决定采取火攻。可是隔着一条宽阔的大江，如何才能把曹操的战船点燃呢？

这时，一位关键人物出场了，他就是东吴的老将黄盖。这位老将也想到了火攻，他向周瑜表示愿意诈降曹操，充当火攻的实施者。两人私下达成一致后，导演了一出“周瑜打黄盖，一个愿打，一个愿挨”的好戏。“黄盖被打”很快传到了曹操耳中，加上黄盖的好友阚泽冒死来献降书，曹操深信不疑，一心等着黄盖哪天带着粮船来投降。

接下来，周瑜又请来名士庞统，设下圈套，利用一个看似偶然的机会，诱使曹操手下的谋士蒋干带着庞统去了曹寨。庞统是当时和诸葛亮齐名的人物，能说会道，他没费多大劲儿，便说动曹操，将水寨中的战船全部用铁链连了起来。从表面上看，庞统是为曹军着想，因为铁链一连，战船不再摇晃，便解决了士兵们晕船的问题。可是，战船连在一起，就像一条绳上的蚂蚱，一旦某只战船着火，所有船都跑不脱。

围绕火攻，周瑜做了大量工作。然而，就在万事俱备、只待他发起攻击号令之时，周瑜忽然想到了一个问题，急得一下摔倒在地，当场吐了几口血。

火烧曹军水寨

周瑜病了，而且病得不轻。他之所以生病，是因为忽略了风向的问题。

当时，曹操大军和孙刘联军之间横隔着长江，曹军在西北方向，联军在东南方向。冬季赤壁一带常刮西北风，如果联军发动火攻，那么在西北风的吹刮之下，不但烧不着曹军的战船，反而会把自己烧得一塌糊涂。从这里我们可以看出风向对战争的影响是多么重要，也难怪周瑜会急得吐血了。

这时，诸葛亮出场了，他让士兵筑了一个高九尺的七星坛，然后身披道衣，跣足散发，一日三次上坛，美其名曰向天借东风。当时，所有人都对借风半信半疑，只有鲁肃深信不疑。果然，这天三更时分，风向来了个一百八十度大转弯，一下由西北风变成了东南风。趁着此风，黄盖带领兵士驾驶二十只装满引火之物的快船，径直驶向对岸。在距曹军水寨不远的地方，快船一齐发射火箭，在东南风的助力下，曹军战船被引燃，霎时火光冲天。原著中这样写道："二十只火船，撞入水寨，曹寨中船只一时尽着；又被铁环锁住，无处逃避。隔江炮响，四下火船齐到，但见三江面上，火逐风飞，一派通红，漫天彻地。"

借助大火，孙刘联军乘势发动攻击，曹军大败，83 万人马几乎丧失殆尽，而曹操也差点儿在华容道被擒——若不是关羽念及旧情，他的光辉人生恐怕就此结束了。

借东风的真相

火烧赤壁战役的关键是东南风，那么，东南风真是诸葛亮借来的吗？

首先，咱们来看一看赤壁地区的气候特征。

赤壁战场，位于今天的湖北省赤壁市西北一带，这里属长江中游地区。气象专家告诉我们，长江中游属典型的亚热带季风区，夏季受来自海洋的温暖湿润的夏季风影响，高温多雨，主要刮东南风；冬季受来自大陆的寒冷干燥的冬季风影响，温和少雨，主要刮西北风。赤壁之战发生时正是隆冬季节，主要刮西北风，作为三军统帅的曹操肯定事先对这里的气候做过了解，所以对火攻根本没有防范。

不过，曹操是北方人，对赤壁地区的气候了解得并不够

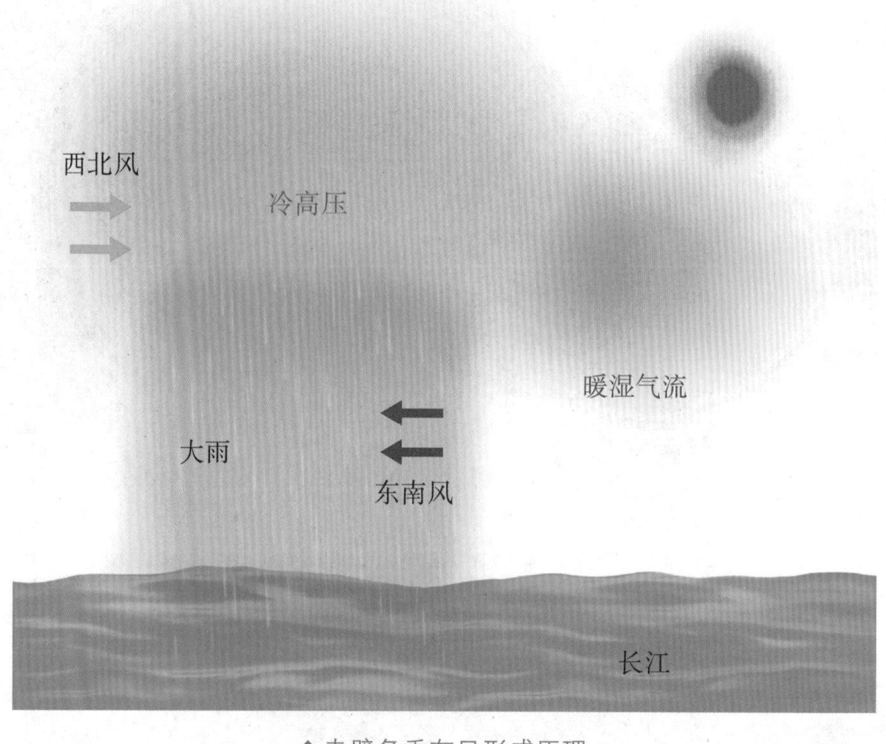

◆赤壁冬季东风形成原理

深入。气象专家根据近30年的气象资料进行统计，结果显示：赤壁冬季出现北风的概率约为50%，出现东南风的概率为3%，出现南风和东风的概率分别是4%和7%。这就是说，除了主导风向北风之外，赤壁冬季还有一小部分时间会刮东风和东南风。

为什么会出现这种情形呢？原来，冬季长江中游地区一般由冷高压控制，空气比较干冷，主要刮北风。然而，隆冬季节，当出现一段连续晴好天气之后，在阳光照射下，近地面的空气会变得比较温暖，又由于长江自西向东穿过，境内湖泊多，水汽蒸发旺盛，所以这层空气会比较潮湿。当这层又暖又湿的空气上升到空中，就会改变冷高压的性质，使天气出现短暂的夏季景象，风向也由北风（或西北风）转为东风（或东南风）。不过，这种天气维持的时间很短，因此东风（或东南风）持续的时间也十分有限。随着北方强冷空气南下，冷暖空气交汇，形成大雨之后，冷空气再度控制本地，风向又会很快转变为北风（或西北风）。

诸葛亮从小在荆襄地区长大，对这里的气候了若指掌，加上他十分善于观察和总结，所以，根据前期连晴天气预测出东南风对他来说并不是难事。由此可见，东南风并不是诸葛亮借来的，而是一种自然规律。

火灾发生时如何逃生自救？

一是保持镇定。火灾发生时一定要冷静，若火势不大，可尽快采取措施扑救；如果火势凶猛，就要在第一时间报警，并迅速撤离。二是注意风向。要根据火灾发生时的风向来确定疏散方向，在火势蔓延之前，朝逆风方向快速离开火灾区域。三是用毛巾捂鼻。逃离时要用湿毛巾掩住口鼻，并尽量避免大声呼喊，防止烟雾进入口腔。四是结绳逃生。当逃生通道被火封住，欲逃无路时，可将床单、被罩或窗帘等撕成条，结成绳索，牢系窗槛，顺绳滑下。

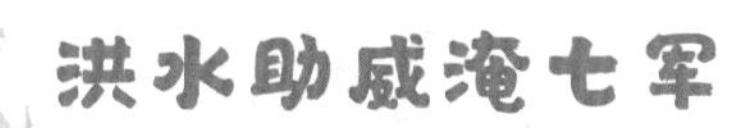

——关羽为何能遇上凶猛秋雨

水淹七军，是《三国演义》中的一场经典战役，讲述关羽率军进攻樊城，曹操命大将于禁为南征将军，庞德为先锋，统率七路大军前去救援。在双方对峙阶段，关羽见连日来大雨不止，襄江水势湍急，于是心生一计，命人收拾战船，堵住各处水口，待江水上涨时一齐放水。果然，大水放开后，洪水如万马奔腾般涌入低洼地段，将于禁、庞德统率的七路大军全部淹没，最后于禁被擒，庞德被斩。关羽大胜，成就了一段无比辉煌的人生。

这场战役之所以能获胜，关键是关羽充分利用了大雨洪涝这个气象因素。那么，当时为什么会大雨不止？洪涝又是怎么形成的呢？下面，咱们一起来分析分析。

七军救樊城

建安二十四年（219年）七月，关羽接到汉中王刘备的命令，率领荆州军攻打曹军据守的襄阳和樊城。

◆关羽画像

没费多大力气，关羽便打败曹军，占领了襄阳，紧接着，荆州军将樊城团团包围起来。樊城守将曹仁见大势不妙，赶紧差人到长安求援。接到战报后，曹操不敢怠慢，立即派于禁、庞德率领七军前去救援。看过《三国演义》的读者都知道，于禁是曹操的老部下，他的武艺和关羽相比有一定差距，不过，先锋庞德却是一个狠角色，这家伙不但武艺高强，而且受过曹操恩惠，就像打了鸡血一般，发誓要与关羽决一死战。大军到达樊城后，庞德先后两次大战关羽：第一次两人大战一百多个回合，不分胜负；第二次两人交锋五十回合，庞德诈败逃走，关羽紧追不舍，被庞德用箭射中左臂，如果不是于禁怕庞德抢了头功让自己没面子而鸣金收兵，关羽这次恐怕凶多吉少。此后，庞德又搦战了十余日，可荆州军没有一人敢去应战。

从荆州军与魏兵作战的情况来看，荆州军明显处于下风，如果和魏兵死打硬拼，取胜的希望十分渺茫。

关羽妙计的依据

十余天后，关羽的箭伤愈合了。当他听说魏兵转移到了樊城之北下寨时，立即骑马登上高处观望，果然见城北的山谷之中驻扎着许多魏军人马，转过头去，又见襄江的水势十分湍急。于是，一条水淹七军的妙计浮上关羽心头。

在这里，咱们不妨分析一下当地的地理地形。樊城，即今天的湖北省襄阳市樊城区，其全境位于襄阳市中部的岗地平原上。所谓岗地，是指长期受流水侵蚀和物理风化等作用形成的地形地貌。这里高低起伏，最高处海拔 140 米，最低处则只有 85 米。于禁、庞德率领的七军，就驻扎在岗地海拔较低的山谷

◆樊城区地理位置

之中，这一带地势低平，一旦洪水袭来，很容易被淹没。

接下来，咱们再来看看襄江。襄江也叫汉江、汉水，是长江的重要支流，它发源于秦岭南麓的陕西省宁强县境内，东流至汉中始称汉水，自安康至丹江口段古称沧浪水，襄阳以下别名襄江、襄水。汉江夏季经常因暴雨形成洪水，特别是发生全流域性大暴雨时，由于暴雨移动方向与干流流向一致，加上地形陡峻，洪水汇集迅速，往往形成洪量集中、洪峰特大的洪水。每次洪峰过境，樊城一带因地势低平，洪水漫溢，常造成洪涝灾害。

不过，汉江流域的降雨主要集中在夏季。从当时的时令来看，已经进入了八月，这个季节一般不会下暴雨。也就是说，樊城一带形成洪涝的概率微乎其微。作为七军统帅的于禁，事先肯定了解过当地的气候，所以才敢让大军驻扎在山谷之中。

秋雨为何猛如虎

但于禁没有想到的是，这年秋天，当地秋雨出现了异常，先是细雨数日，接下来又是连日大雨。你可能会问，过去十分温顺的秋雨，怎么会变得凶猛如虎呢？

◆洪涝灾害

咱们先来了解一下当地

秋雨的属性。樊城所在的汉江流域，是有名的华西秋雨发生地。所谓华西秋雨，是指我国华西地区秋季多雨的特殊天气现象，它主要出现在四川、重庆、渭水流域（甘肃南部和陕西中南部）、汉江流域（陕西南部和湖北中西部）、云南东部、贵州等地。华西秋雨有两个特征：一是雨日多，秋季每月下雨天数可达 13~20 天，有的年份降雨持续时间甚至长达一个月之久；二是以绵绵细雨为主，雨量不大。咱们在《古典名著中的气象科学》一书中介绍过华西秋雨的成因，它是冷暖空气相互作用形成的。正常年份里，秋季南下的冷空气势力比较弱，形

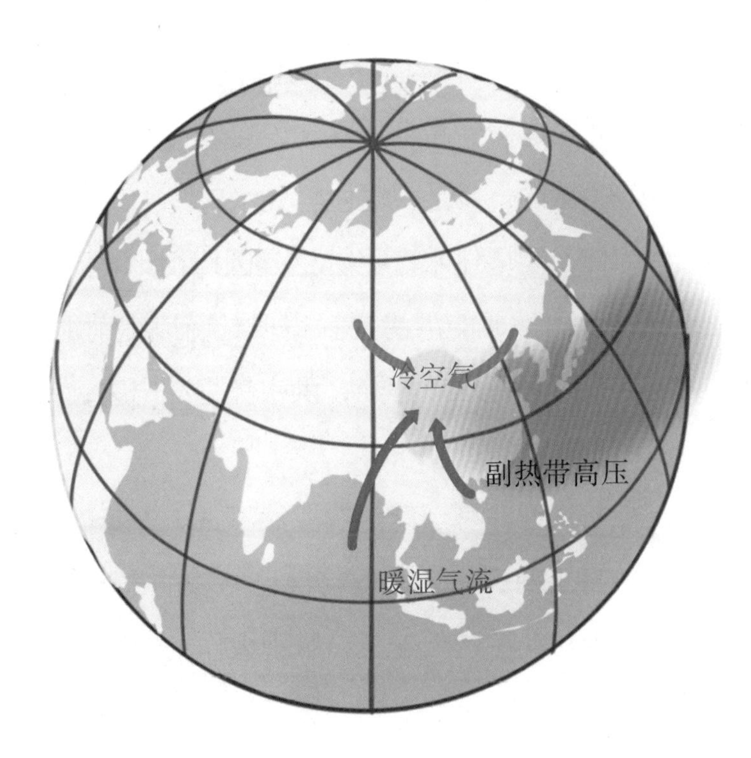

◆华西秋雨形成原理

成的秋雨强度都不大，一般以绵绵细雨为主。但如果遇到气候异常的年份，冷空气势力较强时，冷暖空气交汇比较激烈，降水强度就会随之增大，此时便可能出现大雨甚至暴雨天气，从而造成严重洪涝灾害。

很显然，这一年秋天，汉江流域遭遇了异常气候，往年的绵绵秋雨变成了连日大雨。然而，这并未引起作为七军统帅的于禁的警觉，当督将成何指出潜在的危险时，反而遭到了他的呵斥。

洪水淹七军

这边，荆州军按照关羽指示，有条不紊地一步一步实施作战计划：大军先是移到高阜处驻扎，接着又在汉水口预备战筏，当然，最关键的一步是“堰住各处水口”。

荆州军为什么要堰住水口呢？这是因为相比夏天的暴雨洪涝来说，秋季大雨形成的洪涝要轻得多，所以提前堰住水口，待上游大水到来时再把水口打开，洪水集中冲出去，威力会大得多。

危险一点点临近，可于禁依然浑然不觉。先锋庞德还算警醒，他与手下将士商议后，准备将自己率领的人马移入高地，却还是迟了一步。就在这天夜里，风雨大作，庞德在帐中听到外面万马奔腾，喊声震天。出帐一看，只见大水从四面八方急速涌来，七军兵士随波漂荡，很多人被淹死。幸存士兵登上小土山躲避，这时关羽率领荆州军乘船冲杀而来，于禁见四下无路，只好投降。庞德战至最后，夺了一只小船企图逃走，但没逃出多远，便被荆州军的大船撞落水中，最后被生擒杀掉了。

纵观这场战役，关羽的谋略固然是取胜的关键，但魏军统帅于禁忽视天气、对异常气候不够重视，也是“配合”关羽水淹七军的一个重要因素。这场战役告诉我们，任何时候都不能墨守成规，要具体情况具体分析，灵活应变，才能立于不败之地。

被洪水围困怎么办？

一是向高地转移。洪水来临时，要迅速向附近的高地转移，如山坡、楼房、避洪台等。二是远离有电位置。遇到垂下的电缆、电线以及倾斜的高压线铁塔，一定要迅速远离，不要靠近。三是报警并等待救援。被洪水包围，在不了解水情的情况下不可下水，要第一时间拨打110，报告自己的方位和险情。四是制作简易逃生工具。被洪水围困，水位不断上涨，在躲无可躲的情况下，可收集身边的漂浮物品，扎制简易木筏逃生。五是及时发射求救信号。发现救援人员时，要第一时间挥动鲜艳的衣物、旗子、床单等，或者用镜子、玻璃等有镜面的物品反射阳光，向救援人员发射求救信号。

火烧连营败蜀军

——助弱胜强的高温酷热天气

夷陵之战，是三国时期吴蜀之间的一次重大战役。蜀汉章武元年（221 年），蜀主刘备亲自率领大军攻打吴国，以报吴夺取荆州、杀害关羽之仇。吴军主帅陆逊虽然是一介书生，打仗却是一把好手，他一方面避其锋芒，坚守不战，另一方面运筹帷幄，等待时机。双方相持七八个月后，陆逊终于迎来了破蜀良机：入夏，吴地天气炎热，高温连连，为躲避酷暑，刘备命大军到山林中扎寨，连营七百余里。陆逊见时机到来，迅速发动火攻。在高温天气下，蜀军营寨和周围林木燃起熊熊大火，吴军乘机发起猛攻，蜀军大败，几乎全军覆没。

这是一场充分利用高温天气、以弱胜强的著名战役。那么，吴地天气为何如此炎热？陆逊又是如何洞悉天机的呢？下面，咱们一起来分析分析吧。

刘备很愤怒

这场战争的缘由非常简单，那就是吴国夺取荆州，杀害了关羽。

看过《三国演义》的读者都知道，关羽是刘备的结义兄弟，刘备、关羽、张飞三人桃园结义，兄弟感情非常好。

关羽被害的消息传来，刘备先是伤心，哭得一度昏厥过去，醒来后便是愤怒，一门心思想着报仇，不管是诸葛亮还是赵云劝说都没用。最后，他力排众议，亲自率领大军朝吴国进发，目的只有一个：讨伐东吴，为关羽报仇。

◆桃园三结义

这次起兵，刘备可以说倾其所有，把整个蜀国的家底都掏空了，《三国演义》中说刘备起倾国之兵75万——出动规模如此庞大的军队，在《三国演义》中只有三次：一次是曹操和袁绍的官渡之战，当时袁绍大军有70万人；还有一次是赤壁之战，当时曹操大军83万，佯称100万；再有一次就是夷陵之战，刘备带领的蜀军有75万人。在这三大战役中，夷陵之战的蜀军兵力排名第二，可见刘备心中的愤怒多么强烈。

孙权很恐慌

听说刘备率领75万大军前来报仇，吴主孙权非常恐慌。俗话说“横的怕愣的，愣的怕不要命的”，如今刘备摆明了“不要命”，孙权可不想和他拼命，于是派诸葛亮的哥哥诸葛瑾去劝刘备退兵，可刘备早已口吞秤砣——铁了心，就是天王老子来劝也没用。

孙权越发恐慌，无奈之下，他一方面向魏国称臣，避免魏国趁火打劫，另一方面派孙桓、朱然率领水陆军5万抵抗蜀军。

5万对抗75万，结果可想而知，孙桓和朱然被打得大败。迫不得已，孙权又派大将韩当、周泰再率10万大军前去迎敌，可吴军还是败得一塌糊涂。这下孙权彻底没辙了，他听从谋士建议，把杀了张飞投奔东吴的范疆、张达二人绑缚送还蜀军，并表示愿意归还荆州，送回孙夫人（孙权的妹妹、刘备的夫人）。但刘备还是不肯退兵，蜀军连战连捷，让他看到了灭掉东吴的希望，此时的他，就像蒸笼里的馒头——自我膨胀了。

生死存亡的关键时刻，谋士阚泽向孙权举荐了陆逊。孙权只能死马当成活马医，拜陆逊为大都督，令其统率东吴所有兵马迎战。不过，吴国很多人都不看好陆逊，因为陆逊是个读书人，并非武将出身，更重要的是，陆逊年轻，资历浅，过去没打过硬仗，他能挡住刘备的 75 万大军吗？

陆逊很能干

很快，书生陆逊便走马上任了。他率领大军抵达前线，不过，他并没有和蜀军硬拼，而是仔细分析了双方兵力、士气以及地形等情况，做出了战略撤退的决定。

吴军退啊退，退过崇山，退过峻岭，一直退到了夷陵地区。夷陵位于鄂西山地向江汉平原过渡的地带，这里地势西北高，东南低，西、北、东三面群山环抱，只有东南一面临向平原。撤退到夷陵（今湖北宜昌东南）后，陆逊命令吴军停下来，全力进行防御。由于三面是山，一面的平原要塞被吴军占据，蜀军到了这里难以展开攻势，所以进攻很快陷入了停滞。

双方在夷陵相持不下，这一对峙便是七八个月。在这期间，刘备想尽一切办法引诱吴军出战，可陆逊就是不上当，他命令吴军在城中坚守，任何时候都不出战。不知不觉间，夏天来到了。六月的夷陵骄阳如火，暑气逼人。从气候特征来

看，夷陵地区属亚热带季风气候，夏季气温日变化大，中午炎热，早晚较凉爽。不过，如果遇到大旱之年，高温就会持续到

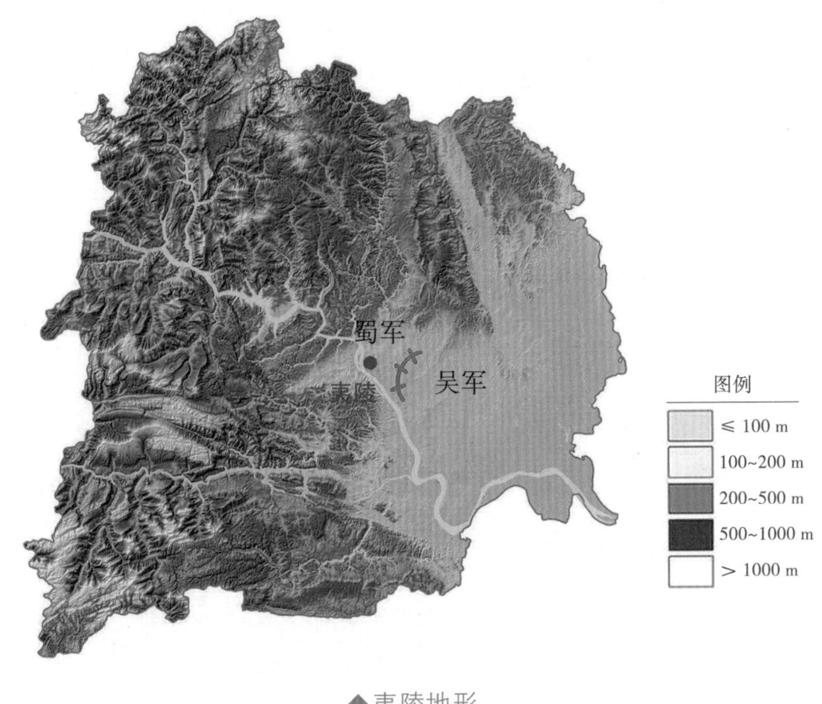

◆夷陵地形

夜晚。吴蜀之战的这一年夏季，湖北一带很可能正是遭遇了大旱天气，因此夷陵地区不但白天炎热，酷暑逼人，晚上也不回凉。对于来自天府之国、习惯了凉爽天气的蜀兵来说，这是种煎熬。

蜀国当时的兵力分为陆军和水军两部分。陆军围困吴军的城池，所以大营驻扎在城外的平地上，太阳一晒，营帐中就像蒸笼一般，将士们苦不堪言。而船上的水军也好不到哪里去，因为江面上水汽蒸发之后，空气又湿又热，令人更加难受。眼看将士们不胜其苦，刘备心里很煎熬（当然，他也热得受不了了），于是做出了一个令他终生悔恨的决定。

天气助攻烧连营

刘备的决定，就是将军营搬到深山密林中，屯兵休整，等待秋后天气凉爽时再发动进攻。命令一下，陆军率先行动，将大本营转移到了山林中。随后，水军也舍舟转移到陆地上，紧挨着陆军，依傍溪涧，搭起了一座座营帐。这些营帐首尾相连，密密麻麻，总长度有七百余里。

陆逊等待的就是这一刻。在进行大规模反攻前夕，他先派遣一支小部队进行了一次试探性进攻。这次进攻虽未能奏效，但陆逊却从中找到了破敌之法——火攻。因为当时久晴无雨，气温很高，山林中的树木和茅草十分干燥，加上蜀军的营寨均由木栅筑成，一旦着火，很快就会烧成一片。当然，陆逊之所以采取火攻，还考虑到了一个重要“帮手”：东南风。他算定“来日午后东南风大作”，因此迅速做出军事部署，令吴军士卒各持茅草一把，突袭蜀军营寨，顺风放火。

夷陵地区夏季常刮东南风，东南风往往会带来丰沛水汽，从而在当地形成降雨天气。这年初夏由于气候异常，东南风迟迟未到，所以形成了大旱。不过，这种高温干旱天气不可能一直持续下去。陆逊是江南人，对夷陵一带的气候十分熟悉，加上他和诸葛亮一样，也通晓天文地理，所以能预测天气。

当晚，东南风骤起，吴军乘机发动火攻，蜀军连营瞬间变成一片火海，士兵死伤无数。刘备乘夜突围逃遁，差一点儿便被吴军捉住。后来他好不容易摆脱追兵，逃入白帝城，没多久便去世了。

纵观这场战争，刘备大军之所以失败，既有主观上的人为因素，也有客观上的天气因素，特别是当时的高温酷热迫使蜀军进入山林扎营，为陆逊实施火攻创造了条件，从而使得夷陵之战的局势发生了逆转。

高温天气要谨防火灾

第一，高温天气，空调、冰箱、电风扇等用电设备工作时间大幅增加，应及时更换残旧的电线，家庭用户要安装漏电保护开关，并定期检查户内配电箱是否正常。第二，使用燃气时应注意燃气管道是否老化漏气，不用时要及时关闭，燃气瓶不要放在太阳下暴晒，应放置在阴凉干燥处。第三，不要将放大镜、老花镜、球形玻璃体放置在阳光下，以免形成聚光点，从而点燃可燃物引发火灾。

——孔明预测大雪的秘诀

《三国演义》第九十四回，讲述魏军都督曹真派人与西羌国王彻里吉结好，企图两面夹攻蜀军。蜀军统帅孔明得知后，先是派大将张苞、关兴迎战羌兵，不料羌兵利用铁车将蜀军打得大败。不得已，孔明只好亲自迎战，他先是观察了当地的地形，然后利用天降大雪的契机，提前设下陷坑，将羌兵和铁车引诱到埋伏处，一举击溃敌人，取得大胜。

这场战争，可以说是孔明充分利用气象条件（积雪）取胜的典范战例。下面，咱们一起分析分析吧。

铁车兵大败蜀兵

在《三国演义》中，羌兵的战斗力一向较弱，经常被魏、蜀两国的军队暴打。不过这一次，羌兵因为有铁车助阵，战力大增，所以蜀军吃了大亏。

铁车是古代的一种战车，又称铁华车，据说是刘邦手下的名将韩信所造。这种车为双轮手推车形，车体类似水罐车，有些铁车的表面还铸有铁刺，用来威慑和刺杀敌人。当年汉军曾用它困住了不可一世的西楚霸王项羽，足见其威力强大。这次为了战胜蜀军，西羌国王彻里吉下了血本，制造了成百上千辆铁车。当时张苞和关兴到阵前一看，只见羌兵把铁车首尾相连，随处结寨，车上遍排兵器，好似城池一般。两人无计可施，第二天和马岱勉强带兵作战，结果被铁车团团围住。原著中这样写道：

> 关兴招三路兵径进。忽见羌兵分在两边，中央放出铁车，如潮涌一般，弓弩一齐骤发。蜀兵大败，马岱、张苞两军先退；关兴一军，被羌兵一裹，直围入西北角上去了。兴在垓心，左冲右突，不能得脱；铁车密围，就如城池。

这场战斗，蜀兵大败。关兴与大部队脱离后，被羌兵一路追杀，侥幸脱险。

孔明何以知降雪

张苞和关兴打不赢，孔明只好亲自出马。他来到阵前，登上高阜观看一番后，轻描淡写地说了一句：“此不难破也。”

原来，孔明预测到不多久便会降雪，他在随后与姜维的谈话中说道："今彤云密布，朔风紧急，天将降雪，吾计可施矣。"看到这里，你可能会涌起疑问：孔明怎么知道天将降雪呢？

首先，我们来看看双方交战的地点和时间。根据书中描述，双方交战的地点在今天的陕西、甘肃南部一带，从地理位置看，这里属于中国的北方地区；而从时令来看，此时是十二月末，可以说正是隆冬季节，陕甘一带冬季出现降雪并不奇怪。

其次，来看看当时的天气现象。天空"彤云密布"，说明水汽比较充沛，因为云是由水汽凝结而成的，只有水汽充沛，才能形成又厚又密的彤云。"朔风紧急"，这里的"朔风"指北方吹来的寒风，而"紧急"一词，说明风吹得很急，这种情形一般是北方强冷空气到来的前兆。这股强冷空气一旦抵达，与当地的暖湿空气发生激烈交锋，很快就会降下大雪。

孔明"上知天文，下晓地理"，所以根据时令和当时的天气现象，他很快做出了"天将降雪"的预测。

白雪茫茫覆陷坑

在预测到天将降雪后，孔明接下来做了一番安排，其中最紧要的一项工作，便是让手下士兵设置陷坑。

陷坑，也就是陷阱，是一种专为捕捉野兽或擒敌而挖的坑，上面覆盖伪装物（比如树叶、茅草之类），人或动物踩上去就会掉到坑里。古代的战争中，经常会使用陷坑对付敌人，比如孔明在征讨南蛮王孟获时，便利用陷坑擒住了孟获。不过，陷坑只能对付少数敌人，如果坑挖得太大，破坏了周围的地貌和植被，就会引起敌人怀疑。

然而，要对付拥有成百上千辆铁车的羌兵，陷坑太小无济于事。事实上，孔明让蜀兵挖的陷坑又大又深。之所以敢挖这样大的坑，是因为他事先算定了老天会帮忙。果然，陷坑布置好后，天降大雪，大地一片白茫茫。

那么，当时的积雪有多深呢？在《古典名著中的气象科学》一书中，我们介绍过**积雪深度，它是指积雪表面到地面的垂直深度，以厘米为单位**。气象学上，将降雪分为小雪、中雪、大雪和暴雪四个等级，其中大雪的积雪深度为“等于或大于 5 厘米”。这就是说，当时战场上的积雪深度至少有 5 厘米。在如此厚度的积雪掩盖下，陷坑与周围的环境可以说完美地融为了一体。

雪量等级表

等级	下雪时水平能见距离	地面积雪深度	24 小时降雪量
小雪	等于或大于 1000 米	3 厘米以下	0.1~2.4 毫米
中雪	500~1000 米	3~5 厘米	2.5~4.9 毫米
大雪	小于 500 米	等于或大于 5 厘米	5.0~9.9 毫米
暴雪			10.0~19.9 毫米

铁车为何不灵了

最后一步，当然是引敌入坑。为此，孔明也颇费了一番功夫。他先是让姜维率军出战，把羌兵的铁车兵引出来，然后自己出马，引诱敌军追赶。原著中这样写道：

越吉引兵至寨前，但见孔明携琴上车，引数骑入寨，望后而走。羌兵抢入寨栅，直赶过山口，见小车隐隐转入林中去了。雅丹谓越吉曰："这等兵虽有埋伏，不足为惧。"遂引大兵追赶。又见姜维兵俱在雪地之中奔走。越吉大怒，催兵急追。山路被雪漫盖，一望平坦。正赶之间，忽报蜀兵自山后而出。雅丹曰："纵有些小伏兵，何足惧哉！"只顾催趱兵马，往前进发。忽然一声响，如山崩地陷，羌兵俱落于坑堑之中；背后铁车正行得紧溜，急难收止，并拥而来，自相践踏。

羌兵落入陷坑后，后面的铁车也收止不住，相继掉进了坑里面，这下铁车不但没有杀伤敌人，反而把自己人砸得一塌糊涂。看到这里，问题又来了：为什么铁车会收止不住呢？这是因为积雪被前面的人马踩踏后，地面结冰，变得十分光滑，加上铁车下面装有轮子，速度很快，一动起来便很难停住，所以所有的铁车都掉进了陷坑之中。

铁车掉进陷坑，羌兵失去王牌，很快便毫无招架之力。这一仗蜀军大获全胜，斩获羌兵元帅越吉，生擒丞相雅丹，从根本上解除了西羌对蜀国的威胁，也粉碎了魏军都督曹真两面夹击蜀军的阴谋。

雪天出行应注意什么？

雪天，道路结冰后会变得十分光滑，所以出行时最好穿防滑鞋，一定不要穿平底无花纹的鞋。行走时，要尽量放低身体重心，并随时注意周围情况。由于汽车在冰雪道路上制动距离大大延长，有时还会出现刹车侧滑、失控的情况，所以，行人要在人行道上或靠路边行走，尽量离快车道远一些。

冒雨攻击退突厥

——李世民百骑退敌的真正原因

北宋史学家司马光编撰的《资治通鉴》中，描述了一场不可思议的战役：唐武德七年（624 年），突厥军队多次骚扰唐朝边境，唐高祖李渊忍无可忍，派儿子李世民、李元吉率军前去迎敌。面对突厥上万人的大军，李世民仅带 100 名骑兵冲到阵前，一边指责敌人背信弃义，一边冒着大雨发起冲锋。这种不要命的勇猛打法，一下惊呆了突厥人，加上连续的阴雨天气，弓箭发挥不了作用，突厥可汗只得求和。李世民和他们订立盟约后，撤回了军队，这就是历史上有名的五陇阪之战。

这场战役，李世民的勇气和胆识固然是取胜的重要因素，但是连续的阴雨天气，特别是冲锋时的大雨也助了唐军一臂之力。下面，咱们一起分析分析吧。

李渊烦不胜烦

突厥，是中国古代北方的一个游牧民族。唐高祖李渊建立唐朝后，慑于唐朝的强大实力，突厥和唐朝签订了和平协议。不过，没过多久，突厥可汗故态复萌，经常率领大军南下掠夺，特别是唐武德七年，突厥人的袭扰达到了疯狂的地步：三月二十七日，侵掠原州；五月初二，扰劫朔州；六月，侵扰武周城；七月初一，再侵朔州；七月初十，再次侵掠原州；七月十二，袭扰陇州；七月十五，侵掠阴盘……由于突厥不断袭扰，唐王朝的心脏地带关中地区也受到了巨大威胁。京城长安人心惶惶，有个胆小怕事的大臣写了奏折，认为突厥之所以老是入侵关中，是因为唐朝大量人口和财富都集中在长安，如果放一把火烧了长安城，并且将人口全部迁走，另外寻找地方建立都城，突厥就不会入侵了。

◆突厥士兵

应该说，这个大臣出的是馊主意。可是，被突厥侵扰搞得烦不胜烦的李渊，竟然认可了这一逃跑避让策略，而且他的大儿子李建成、三儿子李元吉及重臣裴寂等，也都高举双手，不约而同地表示了赞同。

只有一个人坚决反对，他就是李渊的第二个儿子——李世民。

一场不可避免的大战

李世民是中国历史上一位了不起的人物，他少年时便参军入伍，作战勇猛，曾去雁门关营救过隋朝皇帝。唐朝建立前后，李世民率领大军，先后打败了薛仁杲、刘武周、窦建德、王世充等军阀，为唐朝的建立与统一立下了赫赫战功。

别人怕突厥，李世民可不怕，他列举了许多前朝的事实，阐明妥协退让不但不能解决问题，反而会使事情变得更糟。为了进一步让李渊安心，李世民发下誓言，说如果给他几年时间，他一定能带军打败突厥，解除边疆忧患。李渊见儿子态度坚决，于是打消了迁都的念头，准备和突厥大战一场。这年闰七月二十一日，他下诏命李世民、李元吉率领军队前去征讨突厥。

就在唐军出征的时候，突厥大军也出发了，大概是觉得唐军软弱可欺，这一次，他们的两个可汗（首领）率领上万精锐骑兵，准备对中原发动大规模进攻，把唐军彻底打趴下。

两支大军相向而行，不久便在豳州（今陕西省彬县）南面的五陇阪相遇了。然而，由于当时关中地区淫雨绵绵，唐军连日在泥泞中跋涉，此时已疲惫不堪，加上粮草运输被隔断、军需器械受潮，战斗力下降了不少。面对兵强马壮的突厥大军，李元吉等将领认为敌强我弱，只能避让，因而都不敢出战。

李世民百骑退敌

当缩头乌龟不但会让敌人瞧不起，而且这仗就没法儿打了。作为大军统帅，李世民决定亲自带 100 名骑兵去会一会突厥大军。

100 名骑兵？没错！李世民之所以敢这么做，一是他深知突厥的两个可汗——颉利和突利之间有矛盾，互不信任，联合来击他的可能性很小；二是这 100 名骑兵都是跟着他南征北战、打过无数大仗的精锐，战斗力十分强悍。但无论怎样，以 100 名骑兵挑战上万突厥精骑，也只有李世民这种很牛的人才敢这么干。

很快，李世民便率领 100 名骑兵来到突厥大军阵前，此时天空飘着绵绵细雨，地面泥泞不堪。颉利可汗首先出来应战。一见面，李世民便厉声指责他背盟负约，屡屡侵扰唐朝边境，并提出要和他单挑。颉利可汗原本以为唐军不敢出战，现在见李世民如此嚣张，担心他有什么诡计，所以不敢轻举妄动。李世民见此情景，又策马跑到突利可汗阵前，把同样的话重复了一遍，突利和颉利一样，也害怕中计，不敢贸然出击。就在两个可汗犹豫不决、互相猜疑之时，天上的雨越下越大，而天色也渐渐暗了下来，李世民对手下的将士说：“虏所恃者弓矢耳。

今积雨弥时，筋胶俱解，弓不可用，彼如飞鸟之折翼；吾屋居火食，刀槊犀利，以逸制劳，此而不乘，将复何待！”于是，他指挥部队，冒着大雨猛然发动攻击，突厥人大惊，由于弓箭不能使用，只好狼狈撤退。

这一仗让突厥人见识了唐军的厉害。之后，李世民又利用两个可汗之间的矛盾，使用反间计，从中挑拨游说，使强敌进一步分化瓦解。最后，颉利可汗和突利可汗不得不与李世民重新订立盟约，带着大军撤回北方去了。

降雨凭啥帮唐军

这场战争，降雨天气可以说起到了至关重要的作用。从战争初期的形势来看，天气对唐军是很不利的。那么，关中地区为何会出现淫雨绵绵天气呢？

淫雨，指持续时间过久的雨，而“绵绵”的意思是微细，形容连续不断。气象专家指出，淫雨绵绵指的便是秋雨天气。唐军出征的时间是农历八月，此时正值秋雨连绵的季节。从地理位置来看，关中地区位于陕西省中部，包括今天的西安、宝鸡、咸阳、渭南、铜川、杨凌五市一区，而从气候大背景来看，这一带正是华西秋雨的势力范围。我们知道，华西秋雨一般以绵绵细雨为主，降水持续时间有时能达一个月之久。长时间的阴雨天气，使得道路泥泞，唐军粮草运输被隔断，军需器械受潮，加上军队以步兵为主，士兵在泥地作战，战斗力肯定会减弱许多。

对突厥军队来说，连绵秋雨的影响相对小一些。因为他们的后勤补给线是从北向南，粮草运输基本不受秋雨影响，加上军队主要以骑兵为主，人骑在马上作战，受泥泞影响较小，所以战斗力相对强悍。不过，正如李世民分析的那样，连绵阴雨天气对筋胶制作的弓箭影响极大，由于空气湿度大，筋胶发霉松散，弓箭不能正常使用，突厥士兵便如折断了翅膀的鸟儿，与手持犀利刀槊的唐军交战，他们几乎没有取胜的可能。

最后，咱们再来说说唐军发起冲锋时的那场大雨。气象专家告诉我们，下大雨时能见度通常较差（一般不足 500 米），降水强度很大时，能见度甚至只有几米。唐军趁大雨发起攻击，突厥军队虽然人数众多，但视线受阻，彼此不能相顾，加上心里慌乱，所以只好狼狈撤走了。

阴雨天如何防潮防霉？

一是尽量不要开窗，开窗会导致空气对流，使得房间里的空气一直处于潮湿状态。二是将除湿剂放在室内或者需要防潮的地方进行除湿。三是打开空调，开启除湿模式进行除湿。

雪夜进袭建奇功

——一场暴风雪导演的战役

李愬雪夜入蔡州，亦称夜袭蔡州之战，是《资治通鉴》记载的一场不可思议的战役。讲述元和十一年（816年）冬季，唐朝中期名将李愬在一个风雪交加之夜，带领大军突袭蔡州，叛军没想到唐军会在如此恶劣的天气下到来，城中防守十分松懈，唐军悄悄进城后发动攻击，很快占领了蔡州，俘虏了叛军首领吴元济。

这是一场十分成功的奇袭战，在中外军事史上为人津津乐道，而李愬之所以成功，恶劣天气可以说起到了关键作用。下面，咱们一起来分析分析。

将门出将军

李愬，典型的将门之后，爷爷李钦是唐朝中期的著名战将，父亲李晟曾跟随河西节度使王忠嗣征讨吐蕃，由于作战勇猛，被称为“万人敌”。出生于这样的家庭，李愬想不成为将军都难。

李愬是一个非常孝顺的人，很小的时候，他的母亲便去世了，他一直由继母王氏抚养长大。后来，继母去世，父亲李晟考虑到李愬不是王氏的亲生儿子，命他穿缌麻服（为关系相对疏远者所穿的丧服）为王氏服丧。李愬哭得很伤心，怎么也不肯穿缌麻服，于是李晟让他穿齐衰服（为生母所穿的丧服）服丧。贞元九年（793 年），李晟去世，李愬十分悲伤，他和二弟李宪在坟墓边搭了一个草棚，兄弟二人住在墓旁为父亲守孝。

李愬参军后，很快展现出了军事上的才华。由于从小耳濡目染，他不但骑马射箭的本领十分高强，而且带军打仗很有谋略，深得皇帝赏识。

叛军很强大

唐朝中期，藩镇首领拥兵自重，常常对皇帝的命令置若罔闻，有的甚至叛变朝廷，自立为王。蔡州将领吴元济便是其中一个，他不但公开和朝廷作对，而且勾结河北各地藩镇，不断占据土地，成为朝廷的心腹大患。

朝廷先后派了多支军队前去征讨吴元济，但都被吴元济打败。李愬当时在京城做官，当征讨吴元济失败的消息再次传来时，他坐不住了，连夜写了一道奏章给皇帝，毛遂自荐到前线去。皇帝和宰相商议后，任命他为唐军西路统帅，带领大军前去征讨吴元济。

李愬首先分析了敌我形势，叛军实力非常强大，他认为硬拼没有取胜的把握，所以没有直接进攻吴元济的老巢蔡州，而是先攻取了蔡州以西和西北的多个据点。之后，又派遣大将攻克了蔡州以南和西南的多个城栅，切断了蔡州与外界的联系。紧接着，李愬带领大军进驻距蔡州仅 130 里的文城栅，为进袭做好了充分准备。

元和十一年十月初十傍晚，李愬开始行动了。这晚天气非常寒冷，北风呼啸，雪花飘飞，李愬命令大将李祐率 3000 人为先锋，他自领 3000 人为中军，又令部将李进城率 3000 人断后，向着目的地秘密进发。

顶风冒雪的急行军

大军顶风冒雪，在夜色中向东行了 60 里后，抵达了一个叫张柴的村庄，叛军在这里建有一处烽火台。唐军先头部队悄悄靠近村子，出其不意发动攻击，将守军和负责烽火报警的士卒全部干掉。之后，大部队陆续进村，将士们都以为当晚就在村子里安营扎寨了，不料，李愬下达了命令：“大军不得休息，直接入蔡州取吴元济！”

命令一下，除了事先了解内情的几个人外，其余人都大吃一惊。因为此时夜已经很深了，并且下着大雪，外面又黑又冷，这样的天气怎么能行军打仗呢？但军令如山，将士们稍事休整，很快又踏上了行军的征途。

风越刮越猛，雪越下越大，气温越来越低。在严寒侵袭下，军中的旌旗被冻得裂开了口子，途中不时有人马冻死。将士们摸黑在不熟悉的路上艰难前行，每个人都认为此行是去送死，但谁也不敢违抗军令。

夜半时分，雪下得更大，天地间一片白茫茫。唐军踩着厚厚的积雪，经过大半夜的艰难跋涉，终于抵达了蔡州城下。

此时，蔡州城一片寂静，除了纷纷扬扬的雪花外，根本看不到一个守军——由于天气恶劣，守军根本没想到唐军会来攻击，此时全部在城楼的房中睡觉。李愬命人登上城墙，神不知鬼不觉地便消灭了守门士卒。

唐军进城后，迅速发动攻击，很快便攻到了叛军首领吴元济的外宅。守卫的士兵赶紧报告吴元济："官军至矣！"吴元济此时还在梦中，听到报告，大笑着说："俘

◆雪夜进袭的大军

因为盗耳，晓当尽戮之！”——这些人一定是强盗，等天亮把他们全都宰了！接着又有士兵报告：“城陷矣！”吴元济仍然不信，他对左右说：“此必洄曲子弟就吾求寒衣也。”——这一定是驻守洄曲的部队将士来向我讨要御寒的棉衣哩。

结果不用猜也知道，吴元济被唐军擒获押往京师，而他手下的叛军也被彻底消灭了。

说来就来的暴风雪

这场战役，李愬之所以能取胜，靠的便是奇袭战术，而风雪天气的掩护，可以说是其成功的关键。气象专家分析指出，这场风雪很可能达到了暴风雪的级别。

所谓暴风雪，是指一种伴随强烈降温和大风的降水天气过程。它有三个硬性指标：第一，风速达到 56 千米 / 时；第二，温度降到 −5℃以下；第三，有大量的降雪出现。李愬夜袭蔡州的这天晚上，一直刮着北风，并且越刮越猛，深夜时的风速至少在 56 千米 / 时，这是其一；其二，夜晚气温剧降，不但旌旗冻裂，而且有人马冻死，说明当时的温度低于 −5℃；其三，这天晚上雪下得很大，道路上堆积了厚厚的雪。经过分析，我们不难得出结论：这天晚上风雪交加且伴随剧烈降温，正是暴风雪天气。

那么，这场暴风雪是如何形成的呢？咱们先来看看蔡州的气候背景。蔡州即今天的河南省汝南县，处于北亚热带与暖温带的过渡地带，具有亚热带与暖温带的双重气候特征，属大陆性季风型的亚湿润气候：春暖秋凉，夏热冬冷。近 30 年的气象观测记录表明，汝南县年平均气温为 14.8℃，年极端最高温 40.5℃，年极端最低温 −16.8℃。李愬夜袭蔡州的时间是 816 年农历十月，此时已经进入了冬季，北方冷空气十分活跃，当一股强大的冷空气南下到达蔡州时，很容易形成寒潮大风天气，又由于这里的水汽比较充沛，为降雪提供了条件，所以出现了大风降雪且伴随剧烈降温的暴风雪天气。

李愬选择在暴风雪之夜攻击蔡州，“悬军奇袭，置于死地而后生”，充分体现了他的谋略和勇气。

◆山上的暴风雪

野外遭遇暴风雪怎么办？

第一，找一个安全的地方躲避，耐心等待暴风雪结束，若此时你正在帐篷里，则需要不时抖动帐篷以防其被积雪压塌，另外还要确保积雪没有堵塞通风口。第二，如果有车，应待在车上，开动发动机提供热量，注意开窗透气，燃料耗尽后，要尽可能裹紧所有能够防寒的东西，并在车内不停活动。第三，如果置身于茫茫雪原或山野，找不到躲避的场所，应减去身上不必要的负重，在合适的地方挖个雪洞藏身。

低温冷冻损全军

——冻坏宋军的低温天气

986 年，北宋与辽国在君子馆（今河北省河间市西北）进行了一场大战，这就是著名的君子馆之战。

这场战役发生在冬季，宋军开始时处于防御状态，之后主动出击，北上寻找辽军决战，不料在君子馆被敌军包围。当时天气大寒，气温很低，士兵们衣着单薄，冻得手足麻木，无法拉开弓弩，被辽军打得大败。《续资治通鉴 · 宋纪》记载："天大寒，宋师不能彀弓弩……全军皆没，死者数万人。"

纵观这场战争，宋军失利的原因主要有两方面：一是仓促出战，准备不足，后勤保障没有跟上；二是天气严寒，士兵遭冻，战斗力大幅下降。综合来看，严寒低温是导致宋军失败的关键因素。下面，咱们一起来分析分析。

一对冤家

北宋和辽国，可以说是一对冤家，自打两国建立，便开启了打打杀杀的模式，几乎没有停歇的时候。

君子馆战役之前，两国刚刚在岐沟关打了一仗，当时北宋皇帝赵光义雄心勃勃，派遣几路大军进攻辽国，企图一举收复幽云十六州。然而，由于几路大军缺乏默契和配合，尽管宋军铆足了劲儿，还是被辽军打得大败，不仅没有收复一寸土地，反而耗费了大量物资，损失了大批有生战斗力，可以说把老脸都丢尽了。

岐沟关战败后，宋太宗赵光义终于知道了辽国的厉害，为防范辽军乘胜南下侵犯，他命令几员得力干将分头部署：李继隆驻守沧州，杨重进驻守高阳关，刘廷让驻守瀛州，田重进驻守定州，张齐贤驻守代州。总体来看，宋军的战略是以防守为主。

反观辽国这边，则是得势不饶人，打赢宋军之后，他们还想尝到更大的甜头。辽国当时的掌权者萧太后是一个不折不扣的女强人，她不但把国家治理得很好，而且打仗也有一套。岐沟关之战刚刚结束一个多月，她便命令辽军加紧磨刀造箭，准备大举入侵北宋。

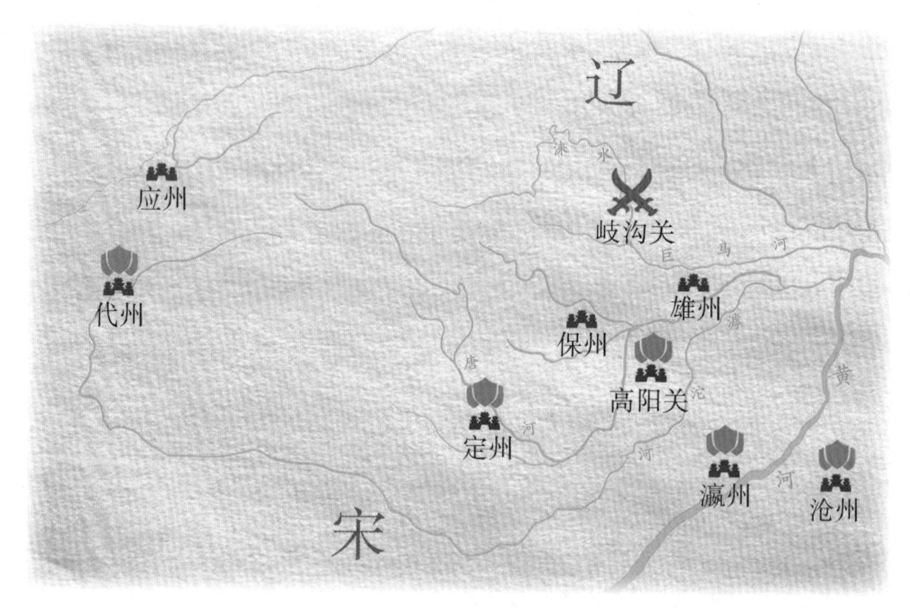

◆岐沟关之战地形

宋军摸不着北

经过一番精心准备，辽军终于出击了。宋雍熙三年（986年）十一月，萧太后命大将耶律休哥为先锋，率领主力军队打前站，她自己亲率数万骑兵随后出发。两路大军浩浩荡荡，直向宋朝边境杀奔而来。

宋军做了充分准备，当然不会害怕，也不会后退半步。辽军很快抵达了边境，不过，耶律休哥非常狡猾，他并没有大举进攻，而是派出小股部队进行骚扰，今天这里打一下，明天那里打一下，令宋军有些丈二和尚——摸不着头脑。由于辽军的进攻十分零散，规模也比较小，一点儿都没有大战来临的征兆，加上这些小规模的战斗大多是宋军打赢了，所以接到前线传来的捷报后，宋太宗赵光义不但没有警觉，相反，随着胜利消息增多，他的野心又开始蠢蠢欲动。大概是觉得小敲小打的胜仗不过瘾，他命令驻守定州的田重进主动出击，攻打辽国的岐沟关，同时命令驻守瀛州的刘廷让率军北进，与辽军展开决战。

宋军的战略，很快由防守转为进攻。这年十二月初四，田重进奉命引兵出定州，一路顺风顺水，仅仅一天便成功占领了岐沟关。不过，宋军在这里打败的只是辽军的小股部队，他们自始至终都没有发现辽军主力。

叫天天不应，叫地地不灵

由于信息技术不发达，古代的打仗有点儿像捉迷藏，田重进率领的宋军找啊找，始终没有发现辽军主力。但是，刘廷让带领的另一路宋军却没有这么好的运气，他们在君子馆这个地方与辽军主力相遇。

这股辽军主力，便是耶律休哥率领的前锋部队，得知刘廷让率军北上，他提前发兵守住了险要关口，与此同时，萧太后率领的数万骑军也朝这边赶来。两股辽军会师之后，就像包饺子一样，将刘廷让的宋军包围起来。

刘廷让没想到这么快便碰上了辽军主力，由于大军出发得比较匆忙，后勤保障没有跟上，所有人此时都穿着单衣，而北方的天气却冷得要命……不等他多想，战斗很快打响了。宋军面临生死决战，人人奋勇争先。可是，大伙儿很快发现了一个严峻的问题：君子馆的天气太冷了，每个人都冻得瑟瑟发抖，手足麻木，连弓弩都无法拉开。而辽军士兵穿着狐皮大衣，戴着狐皮帽子，骑在马上，将箭一阵阵密集地射向宋军。

面对被屠杀的局面，宋军当时只能指望沧州守将李继隆的援兵。可是，李继隆并没有如约前来救援。刘廷让叫天天不应，叫地地不灵，只能率军死战。双方从早晨战到下午，宋军的士兵越来越少，几近全军覆没，主将刘廷让骑着部下的马拼

命逃跑，侥幸捡了一条性命。

君子馆之战，使河北宋军完全丧失了斗志，而辽军则乘胜扩大战果，如入无人之境，先后攻陷了宋朝的邢、深、祁等州，最远的甚至攻破了德州。

冬天为何如此寒冷

这场战役之所以呈现一边倒的局面，主要原因便是严寒天气导致的低温。那么，君子馆的冬天为何如此寒冷呢？

君子馆，是河北省河间市城北 14 千米处的一个村庄，建于西汉景帝年间（公元前 157 年～公元前 141 年），因为曾是汉博士毛苌讲学授徒的地方，所以得名君子馆。从地理位置来看，君子馆所在的河间是华北平原腹地，这里地势开阔，平畴千里。而从气候背景来看，河间市属典型的大陆性季风气候。受季风影响，这里四季分明，年平均气温为 12.4℃，其中 7 月份最热，平均气温达 26.7℃，1 月份最冷，平均气温为 −4.6℃。气象专家告诉我们，在气候异常的年份，河间 1 月份最低气温可降至 −19℃。君子馆之战的时间，是 986 年农历十二月初十（换算成公历约为次年 1 月），这个时间正是隆冬季节，为当地最冷的月份。

根据史料描述，君子馆之战的这年冬天，河间一带很可能出现了气候异常，加上当时有一股北方强冷空气南下，当其抵达河间地区时，由于这里是宽广平坦的大平原，四周没有高大山脉阻挡，冷空气长驱直入，导致气温骤然剧烈下降。而宋军衣着单薄，在低温下身体受冻，手足麻木无法拉开弓弩，因而导致了一场全军覆没的惨败。

低温天气如何防冻保暖？

一是要戴帽子。头部裸露在外面很容易受风寒，所以应戴上帽子，最好戴可以捂住耳朵的。二是脚部要保暖。一旦脚部受冻，身体就很容易被寒气侵入，出现感冒、腰腿酸痛等症状，所以一定要穿好袜子和能够包住脚面的鞋子，给脚部保暖。三是及时添加衣服。气温一旦下降，就要及时添加衣服，尤其是气温很低时，一定要穿厚一些，穿多一些。

浇水结冰退契丹

——助力杨六郎的严寒天气

北宋和辽国打打杀杀，发生过许多大大小小的战役，其中一场战役发生于999年冬季。据《宋史·杨延昭传》记载：

> 咸平二年冬，契丹扰边，延昭时在遂城。城小无备，契丹攻之甚急，长围数日，契丹每督战，众心危惧，延昭悉集城中丁壮登陴，赋器甲护守。会大寒，汲水灌城上，旦悉为冰，坚滑不可上。契丹遂溃去，获其铠仗甚众。

这场战役，天气可以说起到了决定性作用，宋军利用严寒天气往城墙上浇水，形成一面滑溜溜的冰墙，契丹人（即辽军）无法爬上去，最后只能灰溜溜撤军，这无疑是一个利用天气作战的经典案例。下面，咱们一起来分析分析吧。

猛人杨六郎

杨延昭是北宋抗辽名将杨业的儿子，因为他打仗勇猛，威震辽邦，而辽国人认为北斗七星中的第六颗主镇幽燕北方，是他们的克星，所以把杨延昭看作天上的六郎星宿（将星）下凡，称他为杨六郎。

杨延昭小时候沉默寡言，不太爱说话，但他很喜欢与同龄人一起玩行军打仗之类的游戏。杨业看到后，说了一句话："这个儿子像我。"自此，杨业每次出征都把杨延昭带在身边，杨延昭也没有辜负父亲的期望，长大后，他打仗勇猛，攻城拔寨，立下了许多战功。雍熙三年（986 年），杨业率军北伐，攻打辽国控制的朔州。当时 29 岁的杨延昭担任先锋，他身先士卒，冲在最前面，即使手臂被乱箭射穿，鲜血喷涌，浸透了战袍，也没有退却，反而越战越勇。面对这种不要命的狠人，敌人心生恐惧。最终，杨延昭率军攻下朔州，而此战也奠定了他在军队中的地位。后来，杨业战死，杨延昭接替父亲，担负起了守边抗辽的重任。

辽国大军来袭

遂城保卫战，发生于杨延昭独当一面抗辽的重要时期。

999 年，北宋和辽国的政坛都发生了重大变化：一心想夺回幽云十六州的宋太宗赵光义去世了，他的第三个儿子赵恒登上皇位，这就是宋真宗；辽国这边，也新立了一个皇帝，不过实际掌权者还是萧太后。萧太后听说宋太宗赵光义去世，新皇帝刚刚登基，便认为有机可乘。于是在这年九月，她撕毁宋辽和平条约，亲自率领 10 万大军南下，准备攻打宋朝州郡。

辽军攻打的第一站，便是杨延昭驻守的遂城。遂城虽是一座不起眼的边疆小城，但地理位置十分重要，一旦失守，敌人便可长驱直入侵犯宋境。作为主将，杨延昭十分镇定，在辽国大军到来之前，他便发出了三封求援信：一封给后方总指挥傅潜，请求他派大军支援，另外两封分别给在梁门的魏能和保州的杨嗣，让他们做好牵制敌军的准备。

在求援的同时，杨延昭也在思考如何守城。城中守军满打满算也不过 3000 人，3000 人对抗 10 万人，结果可想而知。更重要的是，城中缺乏火炮等必需的守城武器。如何才能打赢这场防御战呢？杨延昭想了许久，一方面命令士兵准备好弓弩等常规武器，另一方面令人找来几十口大铁锅架在城墙上，并采集了许多大石置于城阙处。一切准备妥当，他身披铠甲，立于城楼上，静静等待辽军的到来。

宋军形势危急

很快，萧太后便和次子耶律隆庆率领大军抵达遂城，一场攻城与守城的大战随即打响了。

辽军首先出动骑兵，一边冲杀，一边朝城中放箭，企图用箭雨打败宋军。但杨延昭早就想到了敌人的这一招，他提前让士兵在城外挖掘了几道沟渠，所以辽军骑兵并不能靠近城墙，这条计策也就失败了。

第二天，辽军出动步兵，企图用人海战术攻下遂城。面对蜂拥而来的敌人，杨延昭一方面命士兵用弓箭射击，另一方面让人用提前准备好的大铁锅烧水。辽军冒着宋军的箭雨，一步一步艰难地推进到城墙下，架起云梯，正准备爬上城墙，不想杨延昭一声令下，宋军将煮沸的开水迎头倒下，辽军被烫得纷纷滚下云梯……眼见攻击失利，萧太后大怒，命令辽国的王牌军队——铁林军出击。铁林军是一支装备精良的重甲军，作战所向披靡，曾经多次给宋朝军队造成惨重伤亡。

为给铁林军助威，萧太后亲自来到阵前擂鼓。杨延昭见状，赶紧将士兵分成两组，一组狠狠掷下石块砸向敌人，另一组用弓箭精准射击，但铁林军有重甲保护，不但石块和箭很难伤到他们，就是开水也起不了作用。这样一来，宋军伤亡越来越重，形势渐渐变得危急起来，而更加不利的消息传来，后方总指挥傅潜因为惧怕辽军，不肯发一兵一卒。

守城将士一下陷入了绝望之中，每个人都感到一种深深的恐惧。杨延昭尽力安慰大家，为了弥补兵员不足，他下令把城中的少壮男子集合起来，配发武器和铠甲，准备与辽军决一死战。

胜败转折点

转眼到了十月，辽军的攻势越来越猛。小小的遂城，随时都有被攻破的危险。

一天傍晚，攻城的辽军退去后，杨延昭拖着疲惫不堪的身子，在城楼上巡视。这时，一阵凛冽的寒风吹来，他情不自禁地打了一个冷战。就在他哆嗦着准备回去休息时，豁然开朗，一个守城的办法诞生了。

杨延昭来不及休息，下令让所有士兵连夜担水浇灌城墙。一开始，士兵们都不理解主帅的用意，但军令不可违，大伙儿只得硬着头皮到城中打水，一桶一桶担到城墙上浇灌。此时天气越来越冷，气温越来越低，水浇上去后，很快便结成了冰。这时，大伙儿才恍然大悟，不禁发出了一阵欢呼。第二天一早，辽军又呐喊着前来攻城，然而，当他们来到城下时，全都傻眼了：昨天残破不堪的城墙，此时变成了一面坚硬无比的冰墙。辽军士兵勉强爬墙攻击，可是冰墙又冰又滑，根本爬不上去。辽军在宋军的反击下死伤惨重，萧太后只好下令退军。杨延昭当然不会放过这个大好机会，他带领宋军在后追击，缴获了许多弓箭器械。

这场宋辽之间的战争，严寒天气可以说是胜败的转折点。据气象专家分析，当时的严寒很可能是一场寒潮入侵造成的，从地理位置看，遂城在今天的河北省徐水县境内，这里位于太

行山东麓，冬季寒冷干燥，北方冷空气常南下形成寒潮天气；宋辽作战的关键期是农历十月初，此时是秋末冬初时节，冷空气入侵后，气温骤降，当温度降到 0 ℃时，水浇灌到城墙上迅速变成坚冰。通过这场战争，可以看出杨延昭善于动脑、灵活多变的战术素养。

寒潮来临，气温骤降时应注意什么？

第一，当气温骤降时，要注意添衣保暖，特别是要注意手和脸的保暖。第二，老弱病人，特别是心血管病人、哮喘病人等对气温变化敏感的人群尽量不要外出。第三，关好门窗，加固室外搭建物。第四，采用煤炉取暖的房屋要安装烟囱风斗，预防居民煤气中毒。第五，遇到道路结冰时，尽量不要骑自行车或电动车上路，以免滑倒摔伤或发生事故。

冰冻黄河灭北宋

——滔滔黄河何以一夜冰冻

《说岳全传》是一部描写抗金名将岳飞英勇作战、精忠报国的长篇英雄传奇小说。书中第十八回“金兀术冰冻渡黄河，张邦昌奸谋倾社稷”，讲述金国元帅金兀术率领大军南下攻打北宋，但宋军守住黄河，金军一时无法渡过，不料天气突变，一连几日刮起大风，下起冷雨，气温急剧下降，滔滔黄河竟然连河底都冰冻了。金军踩着冰面，不费吹灰之力渡过黄河，很快打败宋军，灭掉了北宋王朝。

这场战争，严寒天气造成的冰冻可以说是关键因素。因为如果黄河没有冰冻，不善水战的金军不可能那么容易过河，而北宋也就不会轻易被灭掉。那么，天气为何忽然一下变冷？这其中到底隐藏着什么秘密呢？咱们一起来分析分析吧。

金人背信弃义

金国是中国历史上由女真族建立的统治中国北方和东北地区的封建王朝。女真人最初处在辽国的统治下，后来，一个叫完颜阿骨打的人统一女真部落后，建立了金国，并联合北宋一起攻打辽国。

当金国使者来北宋联络的时候，有大臣提醒皇帝：辽国虽然和我们是冤家，可它夹在我们和金国之间，相当于一层保护膜，如果我们和金国联合干掉辽，那么这层保护膜便不复存在，接下来我们很可能会遭到金国攻击。可皇帝认为这是灭辽收复失地的好机会，根本不听劝阻，兴致勃勃派遣大军，和金军一起夹击辽国。辽腹背受敌，没坚持几年，便被联军灭掉了。

干掉辽国后，金人背信弃义，转而将刀枪对准了盟友北宋。金人说翻脸便翻脸，昨天还是一起对抗辽国的盟友，今天便兴起大军攻打宋国来了。宋朝皇帝没办法，只好硬着头皮接受残酷的现实。

《说岳全传》中，入侵北宋的统帅名叫金兀术，他带领大军，一路如入无人之境，很快打到了黄河边。在这里，滔滔河水拦住了金军前进的道路，而北宋也集结重兵守在南岸，誓死保卫黄河。

张保火烧船厂

北宋负责守卫黄河的统帅有两个，一个叫李纲，一个叫宗泽。这两人一文一武，可以说是宋朝的顶梁柱。不过，他俩年纪都比较大了。宗泽接到金兵南下的消息后，赶紧派人到汤阴县去找岳飞，希望岳飞前来抵挡金军，可岳飞当时生病了，无法前来参战。

金军在黄河北岸驻扎下来后，很快找来造船的工匠，又备办了许多木料，在黄河口搭起厂篷，准备打造船只渡河。正当工匠们干得热火朝天时，李纲手下一个叫张保的家将悄悄划船渡过黄河，先是杀了许多监造船只的金兵，接着大闹造船厂，原著中这样写道：

> （张保）回身又到船厂中，正值众船匠五更起来，煮饭吃了，等天明赶工，被张保排头打去。有命的逃得快，走了几个；无命的呆着看，做了肉泥。张保顺便取些木柴引火之物，四面点着，把座船厂烧着了，然后来到河口下船，摇回去了。

金兀术吃了一个大亏，只得令人再去置办木料，招集工匠，重新搭起厂篷赶造船只。据后人分析，金军重新造船花费的时间，至少得半月以上，加上李纲、宗泽守住黄河南岸，金军能否渡过黄河仍是未知数。若金军不能尽快过河，宋军就有充裕的时间布防，加上各地勤王兵马赶到，北宋也许不会灭亡。

黄河一夜冰冻

然而，就在两军隔河对峙的时候，一个左右战局的重要角色出场了。

这个重要角色，就是异常天气。原著中写道：

> 不道那年八月初三，猛然刮起大风，连日不止，甚是寒冷。番营中俱穿皮袄尚挡不住，那宋兵越发冻得个个发抖。再加上连日阴云密布，细雨纷纷，把个黄河连底都冰冻了。

在这里，咱们不妨分析一下当时的天气：猛然刮起大风，说明天气变化十分突然，这种大风一般是强冷空气入侵形成

◆黄河结冰

的，在大风影响下，气温骤降；金兵穿着皮袄都挡不住寒冷，而宋兵个个发抖，说明当时的气温非常低，至少降到了 0℃以下；连日来阴云密布，细雨纷纷，这里的“细雨”和秋雨绵绵的细雨性质不同，这是一种温度很低的雨，气象上称为冷雨；黄河连底都冰冻了，说明天气降温幅度很大。按照气象学标准，这应该是一次强寒潮天气。

一开始，金兀术也不敢相信有这样的好事，直到探子回来报告，确认黄河已经冰冻，他才率领大军，踏着冰面渡过了黄河。而宋军失去黄河这道天然屏障后，已经无险可守，加上士兵们早就被冻得失去战斗力，只好四散逃命去了。金军渡过黄河，直逼宋朝都城汴梁（今河南省开封市），北宋没多久便灭亡了。

强寒潮为何提早出现

那么，这次强寒潮发生的原因是什么呢？

从时间上看，当时是靖康元年（1126 年）八月，地点是距离北宋都城汴梁不远的黄河渡口。气象专家告诉我们，开封一带属温带季风气候，四季分明，气候特点是冬季寒冷干燥，春季干旱多风，夏季高温多雨，秋季天高气爽。照理说，八月本该秋高气爽才对，可为什么会出现强寒潮天气呢？

据分析，这次强寒潮应该和当时的气候大背景有关。据历史资料记载，中华五千年的文明史大致经历了四个冷期：第一个冷期始于西周穆王二年（公元前975年），止于东周平王东迁时（公元前770年），历时200多年；第二个冷期自西汉成帝建始四年（公元前29年）起，经东汉、魏晋、南北朝至隋文帝开皇二十年（600年）；第三个冷期起于北宋太宗雍熙二年（985年），到南宋光宗绍熙三年（1192年）结束；第四个冷期自明太祖洪武元年（1368年）起，至清德宗光绪六年（1880年）结束。而金灭北宋正好发生在第三个冷期内，据史料记载，由于气候严寒，当时长安、洛阳一带种植的柑橘全部被冻死，洞庭湖、鄱阳湖则频频出现漫天冰雪，淮河、长江下游乃至太湖都曾结冰，车马可以在冰面上行驶。因为气候发生变化，汉代黄河流域一带种植的稻米和广泛分布的竹林，到了宋代已极为罕见，而北宋初在中原一带活动的大象，则不得不

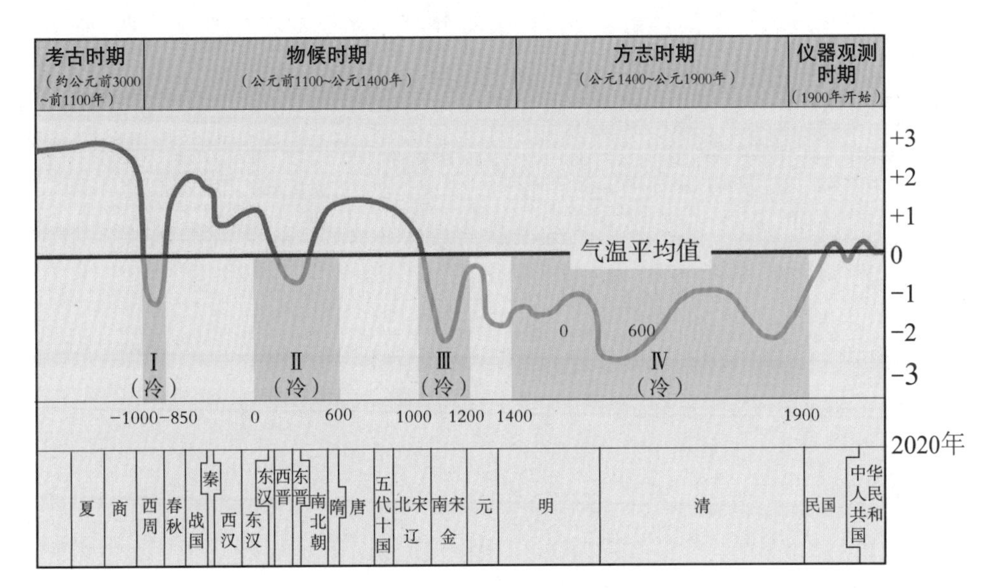

◆中国近5000年温度变化曲线

迁移到了华南一带。

可以说，正是在气候大背景的影响下，北极强冷空气在秋季便早早南下，形成了一次极强的寒潮天气。剧烈降温导致黄河被冰冻，金军顺利渡河，从而在短时间内灭掉了北宋。

河面结冰时需要注意什么？

第一，北方初冬、早春季节，千万不要在冰面上行走、奔跑或玩耍，以免掉入冰窟之中。第二，发现冰面上有不安全因素或者险情时，要及时报告家长、老师，或者报警。第三，冰面冻结实后，如果要溜冰，应在大人的陪同下，去规定的溜冰区域，并且全程不能脱离大人的视线。第四，一定不要溜“野冰”，因为野外水域冰面的冰冻情况不明，千万别凭个人经验判断冰层是否结实。

海雾弥漫亡宋军

——南宋大军遭遇浓雾的原因

据《宋史》记载，1279 年，南宋军队与元朝军队在广东崖山（在今广东江门市新会区南）进行了一场大规模海战，史称崖山海战。这场战役是中国古代战争中少见的大海战，直接关系到南宋的生死存亡，因此也可以说是宋元之间的大决战。战争的结果，元军以少胜多，宋军大败亏输。为避免被敌擒住，南宋大臣陆秀夫背着小皇帝赵昺投海自尽，无数忠臣跟随跳海，南宋就此灭亡，元朝则统一了整个中国。

纵观整场战役，除了宋军统帅的决策失误外，天气因素，特别是海雾，也对这场战争的走向产生了很大影响。下面，咱们一起来分析分析。

被追着打的小朝廷

金军灭掉北宋后，宋徽宗的第九个儿子赵构建国称帝，历史上称为南宋。

从建国之初起，南宋便一直饱受北方政权的侵略和威胁，一开始是金国，金国被蒙古灭掉后，南宋面临的威胁更大了。

1271 年，蒙古大汗忽必烈建立元朝。第二年，元军大举攻打南宋。此时的南宋政权已是风雨飘摇，虽然军民奋起抵抗，但由于双方实力差距太大，襄樊之战失利后，元军直逼南宋都城临安，5 岁的小皇帝宋恭帝无力抵抗，只得开门投降了。

不过，南宋一些有骨气的大臣不想当亡国奴，他们拥立从临安逃出的益王赵昰为帝，继续和元朝抗衡。没过多久，小皇帝赵昰在元军的追击下，乘船逃到广东雷州，不想途中遭遇台风，落水染病，不久便驾崩了。赵昰死后，大臣们又拥立赵昰的弟弟——7 岁的卫王赵昺做了皇帝。

为了斩草除根，忽必烈随即派大将张弘范前去征剿。南宋小朝廷被迫迁到广东崖山。在这里，左丞相陆秀夫和太傅张世杰召集军队，建立根据地，准备与元军展开大决战。

统帅决策失误

1279 年正月，张弘范率领元朝军队，浩浩荡荡抵达崖山，对南宋军队形成三面包围之势。

与元军相比，南宋此时的兵力并不弱，甚至还占有数量上的优势。宋军有正规军和民兵共 20 万人，更重要的是，他们占据了崖山这一易守难攻的天然堡垒，只要牢牢控制入海口，就算有再多元军，也可以将其阻挡在外。但负责指挥作战的张世杰却犯了一个致命的错误，他下令放弃崖山入海口，所有士兵全都撤退到战船上。为防止有人临阵脱逃，他还下令将几千艘宋军船只用铁索连在一起，然后将小皇帝赵昺所在的御船置于中间。这一策略有三个弊端：第一，宋军兵力被锁在一起，完全丧失了机动性，变得笨重不堪；第二，宋军待在海湾内，将自己暴露在敌人的炮火箭雨中，只能任人攻打却无法还手；第三，宋军撤退的后路被切断了。

当然，作为宋军统帅的张世杰，指挥打仗也是有两把刷子的。战争之初，面对宋军数千只舰船形成的巨大屏障，元军见硬拼不行，便采取了火攻。但张世杰早就料到元军会有此招，他命人将战船上涂满海泥阻止火势，并在每条船上横放一根长木，当元军着火的小舟靠近时，宋军就用长木把小舟往回推。这样，这些火船不但没有烧着宋军的大船，被推回去后，反而还引燃了元军的部分船只。

大雾弥漫，宋军惨败

初战失利后，元军统帅张弘范开始改变策略。他先是派重兵占据入海口，切断了宋军与陆地的联系，如此一来，宋军缺水断粮，将士们虽然可以吃随身携带的干粮充饥，但没有淡水，大伙儿干渴难耐，只能喝海水，海水非但不能解渴，反而使众将士上吐下泻，战斗力严重削弱。

张弘范乘机率元军发起了总攻。农历二月初六这一天，元军兵分四路，乘着潮水向宋军战船慢慢靠近。此时海上恰好出现大雾，能见度很低，宋军无法辨清敌人的动向。而元军非常狡猾，他们藏在船楼中，一边前行，一边奏乐，宋军误以为元军正在宴饮，思想上有些松懈。正午时分，靠近宋军战船的元军水师忽然发起攻击，而宋军战船由于被铁索连在一起，无法灵活反击，被元军打得大败。不到一天时间，宋军多艘战船被毁，将士们伤亡惨重。眼见大势不妙，张世杰下令砍断铁索，率领十多艘战船奋力突围。

杀出重围后，张世杰并没有离开，而是派人划小船去接小皇帝赵昺。当时，左丞相陆秀夫和小皇帝赵昺一起在御船上，由于海上雾气越发浓重，并且下起了雨，加上时已黄昏，即使面对面也无法分清敌我，陆秀夫怀疑来人是元军伪装的宋兵，于是拒绝上小船逃走。有关文献记载：

> 会日暮，风雨昏雾四塞，咫尺不相辨，世杰遣小舟至宋主所，欲奉宋主至其舟，谋遁去，陆秀夫恐为人所卖，或被俘辱，执不肯赴。

接应小皇帝失败后，张世杰无计可施，只得率领战船继续和元军拼杀。而陆秀夫和小皇帝赵昺失去了逃跑的机会后，再也没能冲出重围。眼见四周元军越来越多，陆秀夫长叹一声，用一条白练把小皇帝赵昺缚在自己背上，纵身投入了大海。不甘被俘受辱的大臣和军民也纷纷跳入海中，南宋就此灭亡了。

海上为何大雾弥天

这场战争的失利，除了宋军统帅张世杰的战略决策有误外，海上大雾的影响也是一个至关重要的因素。

气象专家告诉我们，海雾是海洋上低层大气中的一种水汽凝结（华）现象，其厚度通常在200~400米，由于雾中水滴或冰晶（或二者皆有）大量积聚，所以水平能见度往往在1千米以下，这种雾也被称为浓雾。绝大多数海雾属于平流雾，即空气平流作用在海面上生成的雾。按照成因不同，海雾又可分为两种类型：一种是平流冷却雾，又称暖平流雾，是暖气流受海面冷却，其中的水汽凝结形成的雾，这种雾多在春季出现，雾区范围大，持续时间长，能见度低；一种是平流蒸发雾，又

◆厦门会展中心平流雾

称冷平流雾或冰洋烟雾，是冷空气流到暖海面上，由于海水蒸发，空气中的水汽达到饱和状态形成的雾，这种雾虽然面积大，但雾层并不厚，雾也不太浓。

崖山，在今天的广东省江门市新会区南，这里是潮汐涨退的出入口，属亚热带季风性气候，全年四季分明，热量充足，雨量充沛。从崖山海战发生的时间来看，农历二月初六是公历的 3 月 19 日，此时是春季的第四个节气——春分。春分节气

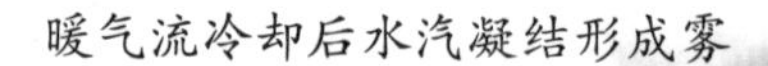

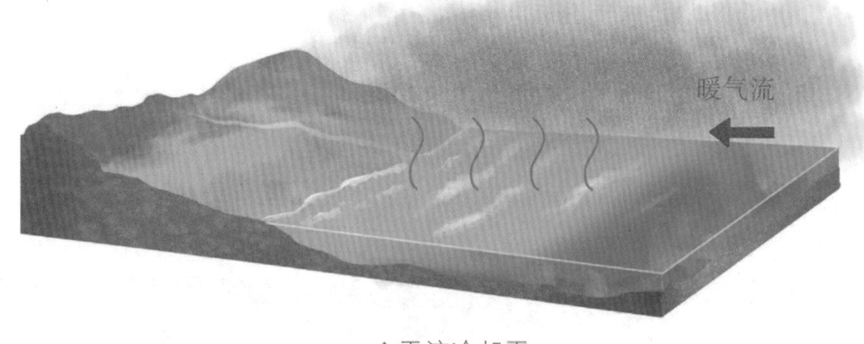

◆平流冷却雾

海水蒸发形成雾

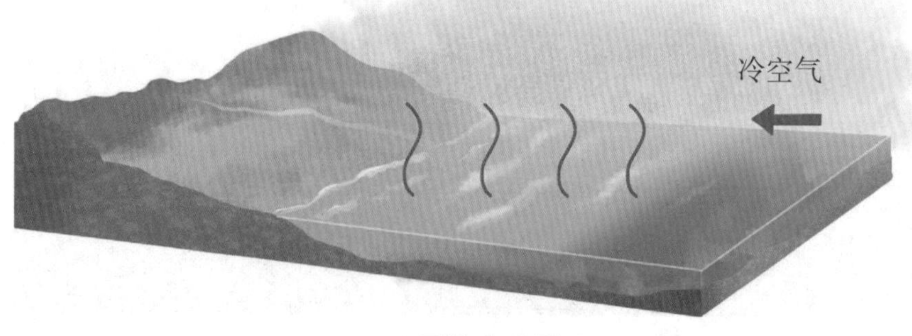

◆平流蒸发雾

之后，气候温和，雨水充沛，阳光明媚。不过，由于海水比热容较大，温度回升缓慢，所以此时海水温度仍低于气温。

气象专家指出，大海战发生的这一天，暖湿气流在轻风或和风（风力为 2~4 级）吹拂下经过海面，由于海水温度较低，暖湿气流受到冷却，其中的水汽凝结，进而形成了弥天大雾。这种雾属平流冷却雾，因雾区范围大，持续时间长，能见度低，所以元军有了可乘之机，而宋军则因大雾影响，不但被打得大败，小皇帝赵昺还因此未能出逃，最后悲壮地跳海殉国。

海上航行遭遇大雾怎么办？

第一，随时收听气象预报，注意瞭望，谨慎驾驶，遇突发大雾要按规定鸣放雾号（笛），开启雷达助航，使用甚高频设备等随时与附近船舶联系，必要时应采取停航或就地锚泊等措施。第二，严格遵守雾航规则，确保航行安全。第三，遵守船舶交通管理中心临时交通管制措施，确保安全。第四，如航行中不幸遭遇险情，不要慌张，要听从船长指挥，冷静应对，并及时拨打水上遇险求救电话。

元兵折戟日本海

——打败元朝大军的台风天气

1281 年，元朝皇帝忽必烈派遣 14 万大军，兵分两路，乘坐数千艘大船，发动了对日本的第二次进攻，这就是著名的元日战争。

关于这场战争，《元史》《高丽史》等史料均有详细记载。战争初期，元军志在必得，两路大军在日本海岸顺利会师后，准备登陆，对日都城大宰府发动总攻，不料却在夜间遭遇大型台风袭击，许多船只被风浪打翻，士兵淹死大半，统军将领不得不下令撤退。就这样，第二次元日战争以元军的惨败告终。

可以说，是这场台风拯救了日本。否则，日本很可能会被强大的元军攻占。那么，这场“打败”元军的台风是怎么形成的？它的威力到底有多大呢？下面，咱们一起来分析分析。

元军遇到了硬骨头

成吉思汗统一蒙古部落，带领蒙古铁骑大杀四方，不但征服了许多亚洲国家，还打到了欧洲，令整个亚欧大陆为之震撼。

◆忽必烈画像

不过，有一个岛屿国家却不惧蒙古人，它就是与高丽隔海相望的日本。13 世纪中叶，蒙古征服高丽后，随即以高丽为跳板，先后派出六批使节诏谕日本，要求日本投降，日本镰仓幕府都没有理睬。这下，元朝皇帝忽必烈脸上挂不住了，他决定用铁一般的拳头，狠狠教训一下日本人。

1274 年，忽必烈派遣忻都、洪茶丘、刘复亨、金方庆四员大将，率领 4 万元丽联军出征日本。联军一路顺风顺水，很快占领了对马、壹岐两个岛屿，但在登陆博多（今日本福冈县）时，遭到了日本九州武士的顽强抵抗。双方激战一番后，联军由于准备不足，加上大将刘复亨中箭受伤，被迫撤退。

第一次元日战争失败后，忽必烈没有放弃攻打日本的念头。此后，他又派了两批使节赴日，劝说日本归顺元朝。然而，日本镰仓幕府也是一个狠角色，不但没有接受劝说，反而把元朝使节全部杀害。这下，忽必烈被彻底激怒了。

两路大军出征

鉴于第一次失败的教训，忽必烈不敢大意。这次出征日本，他派遣了两路共 14 万大军：东路军 4 万人，由大将忻都、洪茶丘率领，从高丽出发；江南军 10 万人，由南宋降将范文虎率领，从江南出发，准备与东路军在日本壹岐岛会师，然后直取日本大本营。为了确保成功，忽必烈此后还加派了东北开元等路的 3000 人投入东征。

1281 年农历五月初四，东路军 4 万人率先踏上征程，乘坐 900 艘战船，浩浩荡荡从高丽合浦出发。这次元军可以说准备得十分充分，不仅携带了三个月的军粮，还带了锄、锹一类的农具，准备占领日本后就地屯田，以达到长期占领的目的。大军在日本志贺岛登陆后，与日本军先后展开了数次激战。但不久，东路军内部发生瘟疫，3000 余人病死。大军只好退至壹岐岛，等待与江南军会师。

由于作战计划有变，农历六月十八，江南军才从庆元、定海出征。相比东路军，江南军人数更多，声势更为浩大，大军乘坐的船只多达 3500 艘，将整个海面都遮蔽了起来。时人称："隋唐以来，出师之盛，未之见也。"意思是说，自从隋朝和唐朝以来，如此大规模的军队出征，还从没见过。

经过一番航行，江南军抵达日本平户岛，与随后赶来的东路军顺利会师。此时，元军士气旺盛，战力爆棚，上至统军将领，下至普通士兵，都对此次战争的胜利信心十足。

台风“打败”元军

两路大军会师后，留下几千人守卫平户岛，大军随即向鹰岛进发，准备登陆，进攻日本的都城大宰府。

鹰岛是位于日本长崎县松浦市北部的一个小岛，面积仅 16 平方千米，元军将领们经过多次讨论，将登陆作战的时间定为八月初二。命令下达后，全军立刻动员起来，做好了登陆作战的各项准备。

总攻的时间越来越近，八月初一，距离计划登陆作战的时间只剩下一天，将士们摩拳擦掌，恨不得立即发动攻击——谁也没有想到，一场可怕的灾难正悄然临近！

这天傍晚，夜幕徐徐降临，士兵们惊讶地发现，海面上刮起了一阵阵狂风，天空中的云层也越来越厚，越来越黑，不多时，厚厚的黑云布满了整个天空。正当大伙儿忐忑不安时，暴雨夹杂着冰雹倾盆而下，与此同时，海面上的风越刮越大，越刮越猛。有经验的士兵猛然意识到，一场猛烈的台风袭来了。

顷刻之间，狂风掀起了可怕的巨浪，海面上“洪涛万丈涌山起”。据亲历者后来回忆，当时“雹雨风交作，舟不得泊，随惊涛上下触击，皆碎”。由于鹰岛面积很小，元军全都驻扎

在船上，巨浪打来，一艘艘战船被掀翻、撞碎，士兵们落入海中，淹死无数。海中的浮尸“随潮汐入浦”，把水面遮得严严实实。

这场台风持续了两天，导致元军战船大部分被毁坏，士兵伤亡惨重，完全丧失了作战能力。据史料笔记丛刊《癸辛杂识》记载：“诸船皆击撞而碎。四千余舟，存二百而已。全军十五万人，归者不能五之一，凡弃粮五十万石，衣甲器械称是。”遭遇此劫之后，元军的第二次东征宣告失败。

秋台风很狂暴

这场“打败”元军的台风是如何形成的？气象专家告诉我们，日本属温带海洋性季风气候，这种气候有两大显著特征：一是 6 月多梅雨，二是夏秋季多台风。日本的台风一般出现在 6~10 月，其中以 9 月为台风高发季节。这个时节台风经常侵袭九州和四国等地区，并给整个日本带去大风和降雨天气。气象专家指出，影响日本的秋台风绝大多数生成于西北太平洋洋面，那里距陆地很远，台风在广阔洋面上诞生后，有足够的空间和时间成长，加上初秋阳光直射区向南移动过程中加热热带海洋，使得海洋热量达到顶峰，所以初秋形成的台风都很强。

元军被“打败”的时间是 1281 年八月初一，此时台风已进入活跃期，一个强大的台风在太平洋洋面悄然生成后，东移到日本鹰岛一带登陆。由于元军将士忽略了这个“魔头”的存在，没有提前登陆，所以吃了大亏，导致了战争的失败。

最后，咱们一起来了解一下台风的威力。台风是一种狂暴无比的大风，它是高温高湿的空气疯狂旋转形成的大风暴。一个普通台风的直径，相当于一个大型龙卷风的2000倍，它携带的水汽相当于上百亿吨水，蕴藏的能量相当于50万颗小型原子弹，其影响范围可达数千千米。台风在移动的过程中，不但能带来猛烈无比的风暴，降下大暴雨，而且会在海上掀起恐怖的巨浪，给航海带来灾难。例如，1980年8月5日，西非洋面上生成的台风“艾伦”掀起巨浪，将一艘500多吨重的货船推到了三层楼那么高的浪尖上将近一小时，船上的人都身不由己地在海浪中“飞翔”，最后货船被打翻，船员全部落水。从这个事例可以看出，当时元军的战船被毁坏不足为奇。

◆台风灾害

船只在海上遭遇台风怎么办？

第一，台风来临前，所有船只都应听从指挥，立即到避风场所躲避。第二，如果躲避不及，应及时与岸上有关部门联系，争取救援。第三，等待救援时，应迅速果断采取离开台风的措施，如停（滞航）、绕（绕航）、穿（迅速穿过）。第四，强台风过后不久的风平浪静，有可能是台风眼经过时的短暂平静，此时泊港船主千万不能为了保护自己的财产，冒险回去加固船只。

大顺兵败山海关

——影响战争结局的扬沙天气

1644年农历四月，清朝摄政王多尔衮率领八旗军，与明朝总兵吴三桂合兵一处，在山海关与李自成的大顺军展开了一场规模庞大的战争，这就是《明史》中记载的山海关大战。在这场关乎生死存亡的大决战中，大顺军起初稍占上风，将吴三桂军队层层包围，然而就在此时，大风突起，沙尘蔽天，多尔衮乘机指挥清军从外围发动攻击，大顺军腹背受敌，伤亡惨重，被迫撤出了山海关。

纵观整场战役，大顺军失败的原因不外乎两点：第一，李自成对清军入关助战准备不足，而且大顺军队也缺乏对清军骑兵作战的经验；第二，突发的恶劣天气，导致大顺军战斗力下降。那么，当时为何会出现大风沙尘天气？它对大顺军产生了怎样的影响呢？咱们一起来分析分析吧。

放羊娃推翻明王朝

这场战役的主角，毫无疑问是大顺军的首领李自成。李自成在童年时期给地主家放过羊，长大后曾为银川驿卒。不管放羊还是当驿卒，李自成的追求都很简单：混口饭吃。

在驿站工作没多久，李自成的人生迎来了重大转折。当时的明王朝由于和东北女真政权长期作战，加上连年大旱，国库入不敷出，为了压缩开支，崇祯皇帝下令撤掉驿站。没了工作，李自成一下成了失业人员，吃饭成了问题。此时，天下吃不饱饭的农民纷纷起来造反，于是，李自成毫不犹豫地加入了起义军。由于作战勇猛，有胆有识，他很快成为闯王高迎祥部下的大将。后来高迎祥牺牲，李自成接过大旗，带领起义军继续与官军作对。随着起义队伍越来越壮大，李自成的威信和影响力日渐上升，崇祯十七年（1644年）正月，他在西安建立大顺政权，不久又率领大军攻克北京，推翻了明王朝。

李自成占领北京后，首先想到的一个重要人物便是吴三桂。吴三桂出身于辽西将门世家，自幼习武，善于骑射，曾经中过武举。当时，吴三桂驻防山海关，把守东北大门，令清军一直不能入关。李自成派人到山海关进行招降，吴三桂经过一番考虑，很快做出了归顺的决定。然而，当他率军离开山海关进京，行至永平西沙河驿时，遇到了从北京逃出来的家人，得知父亲吴襄在京遭农民军掳掠、爱妾陈圆圆被夺占。吴三桂勃然大怒，立即下令还师山海关，准备与大顺军血战到底。

多尔衮心花怒放

眼见煮熟的鸭子飞了，李自成有些懊恼，他召集文武大臣商议后，决定亲率大军前往山海关征讨。

得知李自成要动真格，吴三桂心里有点儿发慌，因为他手下的人马比大顺军少得多，一旦开战，胜算很小。吴三桂思来想去，走上了一条令李自成意想不到的道路：向曾经的敌人——清军求援。

李自成攻占北京的前一年，清太宗皇太极驾崩，他的第九个儿子福临继承了皇位，因为福临年纪小，朝中大事基本上由他的叔叔多尔衮说了算。多尔衮是一位杰出的政治家和军事家，早就有消灭明朝、入主中原的野心，当上摄政王后，他进一步加快了灭明步伐。刚开始，多尔衮还想与李自成合作，但李自成不想与别人分享胜利果实，一个人带领大顺军灭掉了明朝。这下，多尔衮不乐意了，他很快调整了战略部署，率领清军从东北南下，准备绕过山海关，直趋北京攻打李自成。

多尔衮带领清军没走出多远，便遇到了吴三桂派来求援的使者。得知李自成和吴三桂成了冤家对头，马上就要打起来了，多尔衮心花怒放，立即命令大军改道，日夜兼程疾趋山海关。此时的李自成还蒙在鼓里，和大将刘宗敏率领大顺军，不紧不慢地向山海关进发。

螳螂捕蝉，黄雀在后

大顺军抵达山海关没多久，多尔衮率领的急行军也来到了山海关外。不过，多尔衮深知“螳螂捕蝉，黄雀在后”的道理，所以决定以逸待劳，后发制人，让吴三桂与李自成先打，等他们疲惫不堪时自己再出手。

几次小规模的接触战后，很快，大顺军与吴三桂的部队迎来了大决战。农历四月二十三日上午，大顺军在山海关外布下“一”字长蛇阵，李自成一声令下，千军万马一齐向吴三桂部队冲去。吴军虽然顽强抵抗，但由于人数不占优势，渐渐处于下风，被大顺军层层包围了起来。然而，就在此时，天气突变，狂风骤起，一时间飞沙走石，尘灰满天，能见度变得很低。大顺军将士从未经历过这种天气，一时有些慌乱。吴三桂则暗自庆幸，指挥士兵稳住阵脚。在遮天蔽日的沙尘笼罩下，两军血战到中午，双方损失都十分惨重。

此时，多尔衮出手了，他命令大将阿济格、多铎各率两万精锐骑兵，乘着风势冲击大顺军。一时间，万马奔腾，箭像密集的飞蝗一样射向大顺士兵。大顺军早已疲惫不堪，在清军骑兵的冲击下伤亡惨重，而缓过劲儿来的吴军也发动了反击。在内外夹击下，李自成军队大败，阵亡者数以万计。眼看大势已去，李自成不得不撤出了山海关。

经历了这次惨败，大顺军元气大伤，从此未能东山再起，清军则乘势占领北京，入主中原，最后统一了中国。

扬沙为何突如其来

在这场战役中，如果不是天气突变，风沙骤起，大顺军灭掉吴军后，再回过头来对付清军，也许战争会是另一种结果。那么，这场不期而至的风沙天气到底是怎么形成的呢？

据气象专家分析，山海关之战中出现的风沙，应该是一种扬沙天气。所谓扬沙，是指本地或附近尘沙被风吹起而形成的一种天气现象。扬沙多发生在每年的 4 月至 5 月，当其出现时，空气混浊，天空一片黄色，加上风力较大，能见度会明显下降。通常情况下，扬沙时本地水平能见度在 1~10 千米，这不但会影响李自成军队的视线，而且沙尘还会对士兵的身体造成一定影响；吴军和清军久居关外，对扬沙天气见惯不惊，因此受到的影响相对较小。

气象专家指出，扬沙是一种风沙灾害，并不是所有有风

◆扬沙被风吹起

◆扬沙中的城市

的地方都会发生，只有那些气候干旱、植被稀疏的地区，才有可能发生扬沙。中国的扬沙天气区域，主要分布在西部与北部地区，以内蒙古、西藏、新疆最为严重。山海关位于河北省秦皇岛市东北 15 千米处，从地理位置来看，这里属于北方地区，而从气候背景来看，山海关与秦皇岛市一样，都属于暖温带半

湿润大陆性季风气候，由于濒临渤海，受海洋影响较大，这里春季少雨干燥，存在扬沙发生的可能性。山海关大战发生的时间是农历四月下旬，此时正值春末夏初季节，冷暖空气频繁交锋，天气复杂多变。农历四月二十三日这天，很可能有一股西伯利亚来的冷空气抵达这里，与本地的暖空气发生激烈交锋，从而形成了大风，又由于山海关一带春季少雨干燥，植被稀疏，大风吹起地面沙尘，因而形成了影响这场战役结局的扬沙天气。

出现扬沙天气时应注意什么？

一是避免在广告牌和树下逗留，因为在强大风力的作用下，安装不牢的广告牌或根基不稳的老树易断裂或倾倒，危及行人安全。二是及时关闭门窗，减少外出，特别是老人和儿童尽量不外出。三是室外活动时应戴上口罩，或用湿毛巾、纱巾等保护口、鼻等，避免吸入沙尘。四是少骑或不骑自行车，因为侧风向骑车有可能被大风刮倒，造成身体损伤。

突风冒雨渡海峡

——台湾海峡的暴风成因

郑成功收复台湾，是中国历史上极具影响力的事件之一。在海峡两岸的诸多史料，如《从征实录》《台湾外纪》等中均有详细记载。1661年，郑成功率领大军，分乘百艘战船，从金门出发，横渡台湾海峡，经过数月激烈战斗，最终赶走荷兰殖民者，使宝岛台湾重新回归祖国母亲的怀抱。

从整个战争过程来看，郑成功收复台湾并非一帆风顺，而是经历了种种磨难。特别是战争初期横渡台湾海峡时，船队遭遇暴风袭击，在将士畏惧、军心动摇的情况下，郑成功果断下令渡海，大军最终战胜暴风骤雨和滔天海浪，成功登陆台湾岛，迈出了收复宝岛的关键一步。

下面，咱们一起来分析分析郑成功大军渡海时的天气状况。

中国宝岛台湾

台湾，是中国第一大岛，物产丰富，自然环境优越，有“宝岛”之称。据地质专家考证，远古时代，台湾与大陆曾经连在一起，也就是说，台湾和大陆之间并没有海水相隔。后来，由于地壳运动，它们之间连接的部分慢慢沉入海中，出现一道海峡，于是便有了今天的台湾岛。

台湾是中国不可分割的一部分。早在三国时期，东吴孙权便派将军卫温、诸葛直率领一万多士兵，乘坐大船抵达台湾，宣示了对台湾的主权。此后，历朝历代都加强了对台湾的统治

◆台湾风光

和管理。可以说，台湾与大陆唇齿相依，血浓于水。

17世纪初，荷兰殖民者公然侵入台湾，西班牙人紧随其后，侵占了台湾北部和东部的一些地区。之后，荷兰人赶走西班牙人，独自霸占了台湾，他们在台湾实行强制统治，不但将土地据为己有，强迫民众缴纳各种苛捐杂税，还对汉族和高山族人民进行严密监视和控制。

当时统治中国的明王朝处境十分艰难，面对此起彼伏的农民起义和东北女真人的威胁，明朝皇帝焦头烂额，自顾不暇，无力出兵收复台湾，致使荷兰人在台湾的殖民统治延续了38年。

民族英雄郑成功

38年后，荷兰人的好日子终于要到头了，因为他们碰到了一位铁骨铮铮的中国民族英雄——郑成功。

郑成功是明末清初军事家， 代抗清名将。他的父亲郑芝龙是明朝的一员将领，曾以民间之力建立水师，打造了一支响当当的海军部队。1645年，清军攻入江南，郑芝龙见大势已去，于是投降了清军。但是，郑成功却怎么也不肯投降，他率领父亲的旧部，在中国东南沿海一带坚持抗击清军。在他的指挥下，郑军曾一度由海路突袭，包围了江宁府，但最终还是被清军击败，只得退守福建沿海的厦门和金门。

在退守厦门期间，郑成功遇到了一个从台湾逃出来的客家人何斌。何斌曾担任过荷兰人的通事（即翻译），对荷兰殖民者十分了解，他向郑成功详细介绍了台湾的情况，并献上台湾地图，劝说郑成功率大军前去收复台湾。

◆郑成功

与将士们商议后，郑成功终于下定了出兵台湾的决心：一则台湾是中国的领土，决不能容许荷兰殖民者长期占有；二则厦门和金门面积太小了，不能作为长期的抗清据点，必须要寻找新的根据地。于是，郑成功命令部下大修船只，准备出征台湾，驱逐荷兰殖民者。

迎着暴风渡海

一切准备就绪，1661 年农历二月，在福建省厦门湾的金门岛上，郑成功率众将士举行了隆重的誓师仪式。之后，他带领 25000 名将士，乘坐数百艘战船，浩浩荡荡向台湾进发。

二月二十四日早晨，部队横越台湾海峡，顺利抵达了澎湖。在这里，郑成功留下少数将士驻守，自己率领大军继续朝台湾岛进发。澎湖到台湾并不遥远，如果不出意外，半天时间便可抵达，然而，船队离开澎湖没多久，海面上忽然刮起了暴风。猛烈的狂风卷起大浪，海面上波涛汹涌，随时可能把战船打翻。郑成功见状，果断命大军暂时返回澎湖。

可是，暴风一连刮了几天都没有停止的迹象。郑成功不禁发起愁来，因为军队携带的粮食已经所剩无几，若无限期停驻澎湖，不仅会影响军心，更重要的是不能按预定日期抵达台湾，会失去最佳战机。手下将士们也有些灰心丧气，一部分人甚至对此次出征产生了怀疑。郑成功思索一番后，做出了一个大胆而果断的决策：大军抢先渡海！

这天晚上，他亲自率领船队出发了。暴风依然十分猛烈，不巧的是，天空还下起了大雨，海面上波浪滔天，将士们顶风冒雨，拼命划动船桨，艰难地朝台湾方向进发。忽然，一个浪头打来，一只小船倾覆了，大伙儿赶紧把落水士兵救上大船，然后继续前进。经过大半夜的跋涉，第二天拂晓时分，船队终于到达了台湾的鹿耳门港。郑成功指挥大军登陆，迅速向荷兰殖民者发动攻击，打响了收复台湾的第一枪。

海峡为何多暴风

横渡海峡，是郑成功收复台湾的关键。那么，郑军为何在横渡海峡时遭遇了暴风天气呢？

台湾海峡，是大陆与台湾岛之间连通南海、东海的海峡，它西起福建省沿海，东至台湾岛西岸，全长约400千米。从气候背景来看，台湾海峡位于亚热带、北热带季风气候区，这里10月至翌年3月多刮东北季风，风力达4~5级，有时甚至超过6级；5至9月多西南季风，风力3级左右；7至9月多热带气旋（即台风），风力可超过12级。

◆ 2011年8月4日，超强台风“梅花”在太平洋上

从郑成功横渡海峡的时间来看，正是刮东北季风的时候，当时的风力达到了暴风标准。我们知道，6级风在气象上称为强风，在海面上可掀起大浪，形成飞沫，而暴风的风力为11级，这是一种仅次于台风的可怕大风，它在陆地上可以吹走房屋，在海面上则会形成巨浪。当时的战船都是木质的，很容易被巨浪打翻，所以郑成功刚开始不敢渡海，后来迫于严峻形势，才不得不冒险抢渡。

那么，当时台湾海峡为什么会出现较长时间的暴风天气呢？原来，冬春季节，台湾海峡的风主要是北方冷空气南下

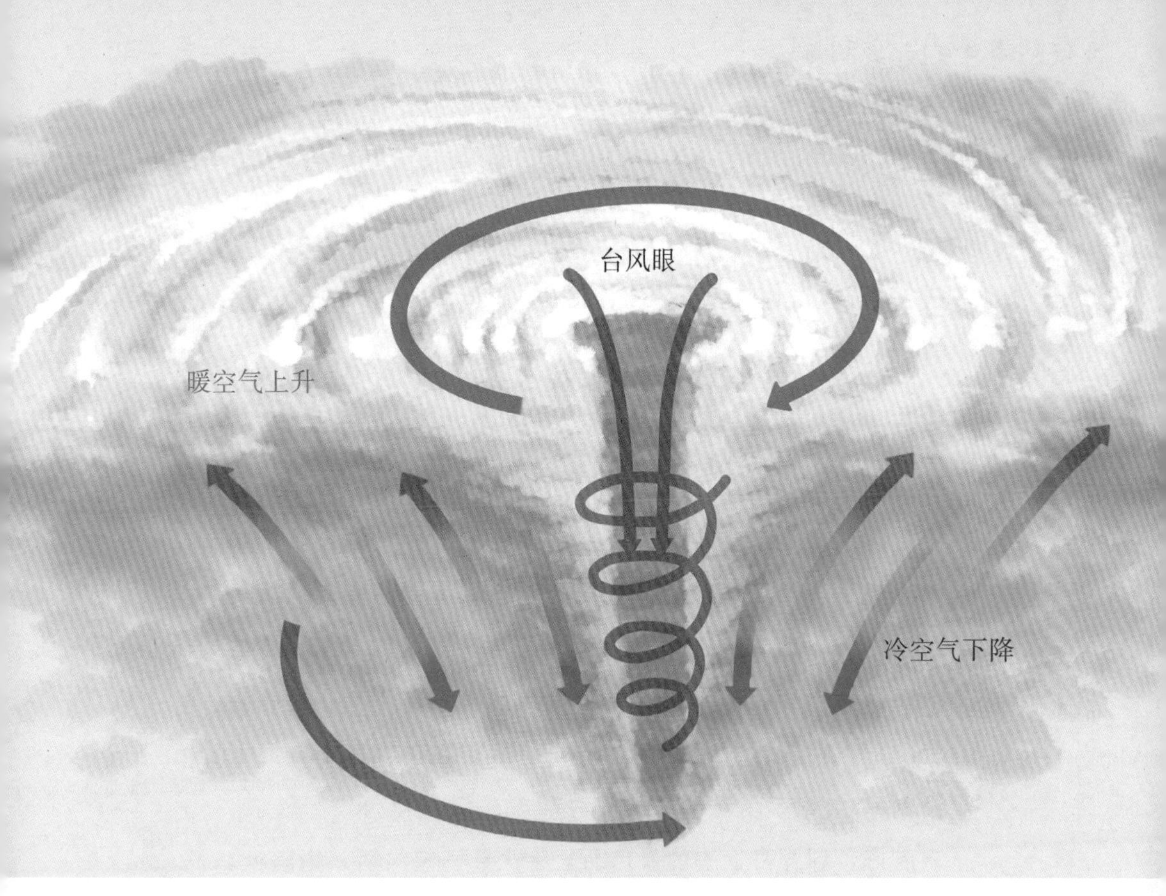

◆台风形成原理

“制造”的：北方冷空气到达海面时，与这里的暖空气相遇，冷暖空气激烈交锋，便形成了大风天气。一般情况下，冷空气长途跋涉到达台湾海峡时，势力都比较弱，所以形成的风力通常在 4~5 级。然而，明朝末期正逢中国第四个冷期，气候十分寒冷，北方冷空气势力非常强大，当一波又一波的强冷空气接连不断地到达台湾海峡时，便形成了持续多日的暴风天气。

海上遭遇风浪时怎么办？

第一，遇到风浪袭击时，要保持镇定，在船舱内分散坐好，使船保持平衡，如果海水进入舱内，要全力以赴将水排出去。第二，如果发生翻船事故，木质船只一般不会下沉，人被抛入水中后，要立即抓住船舷并设法爬到翻扣的船底上。第三，玻璃纤维增强塑料制成的船翻转后大多数会下沉，但有时因船舱中有大量空气，船能漂浮在水面上，这时不要将船正过来，要尽量使其保持平衡，避免空气跑掉，并设法抓住翻扣的船只，等待救助。第四，海上遇到事故需转移至浮舟避难时，首先要对浮舟进行检查，清点好带到浮舟上去的备用品，将火柴、打火机、指南针、手表等装入塑料袋中，避免被海水打湿。

翼王兵败大渡河

——暴雨泥石流对战争的影响

太平天国运动是我国近代史上的一次农民起义，它的结局悲壮而震撼人心。其中，太平军翼王石达开在四川西部的大渡河兵败折戟，令人扼腕叹息。

英勇善战、用兵如神的石达开，为何会被一条河流阻挡而兵败如山倒、全军俱损？这其中有着什么鲜为人知的秘密呢？

陷入绝境的石达开

石达开是太平天国将领中一位英武天纵的优秀统帅，他曾带领太平军纵横神州大地，多次用奇兵大败清军，令敌人闻风丧胆。随着个人威望的上升，石达开遭到了天王洪秀全的猜忌，选择了率军离开天京（今江苏南京），与洪秀全分道扬镳。

石达开先后率军转战于广西、湖南、云南等地，但因孤立无援，军事上屡屡受挫，队伍人数不断减少。1863年4月，石达开率兵三四万人，从云南巧家一带渡金沙江入川，欲实现多年来“先行入川，再图四扰”的战略方针。进入四川后，因地形复杂，加之敌人疯狂进攻，石达开军队仍然作战不利，人数一减再减。5月，节节败退的石达开军队进入四川境内的紫打地（今石棉县安顺场）。石达开希望渡过大渡河后挥师北上，攻占雅州（今雅安），而后直逼成都。

当时石达开兵败退到大渡河畔的紫打地时，已是穷途末路：既无援军，又无粮草，仅剩的几千败兵疲劳至极；又被前后堵截的敌人不断骚扰、袭击，损失不断扩大。而最大的危险，也是后来导致石达开全军覆灭的最大敌人，却是天堑大渡河。因为它的阻挡，石达开遭到了前所未有的败绩，并因此投降被俘，死时年仅33岁。

激流汹涌的大河

大渡河，是如何让石达开全军折戟的呢？咱们先来看看这一带的地理地形和气候环境。

大渡河古称“沫水”，发源于青海省的果洛山（主峰海拔5369米）南麓，雪山融水一泻千里，穿过大雪山、邛崃山、大相岭、大凉山和峨眉山，流经阿坝、甘孜、雅安、乐山等地区，注入岷江，全长1062千米（一说1050千米）。大渡河两岸高山耸立，激流汹涌，险滩密布，河道宽处可达1000多米，水深 7~10 米，自古便被人们称为“天堑”。据雅安《雅州博览》记载，大渡河畔的紫打地一带“地极陡峻，有宏观万山之壮”，群峰叠嶂，山高路险，有的地方两山相夹，“天无席大”。

除了地形险恶外，大渡河一带的气候也十分复杂，变幻无常，特别是夏季，该流域常发生强降水，引发滚滚山洪，以致河水猛涨，泛滥成灾。同时，紫打地所在的山区由于山体结构疏松，地质状况不稳，经常因强降水引发泥石流、山体崩塌等气象次生灾害，致使河道堵塞、交通道路被毁。1863 年 5 月底，石达开军队进入紫打地时，正是春末夏初季节，大渡河一带天气莫测，暴雨、冰雹、大风、泥石流等灾害频发。

不过，纵使大渡河的地理地形和气候环境如此复杂，如果上游地区没有强降水发生，河水一般情况下也会风平浪静。1863 年 3 月，石达开部下的先遣将领赖裕新奉命入川作战，就曾从容率部渡过了大渡河。由此可见，枯水期的大渡河并不可怕，石达开若是在枯水时期抢渡，大渡河断不能阻住他的步伐。

那么，石达开军队 5 月底到达紫打地时，大渡河是怎样一种情形呢？

河水暴涨阻击渡河

石达开军队到达紫打地，并在当地驻扎下来。当时太平军所处的形势是这样的：北面是大渡河，只要抢渡成功，即可向雅州一带进军，从而威逼成都；南面则是高山峻岭，万重大山，根本无路可退；东侧有越西部重兵把守，由于山路狭窄，沟壑纵横，加上敌人用檑木滚石将道路完全堵塞，对太平军十分不利；西面是一条叫松林河的小河，渡过这条河即可进入泸定，但敌人早有防范，且西行粮草奇缺，对太平军以后发展不利。

在深思熟虑之后，石达开决定抢渡大渡河。太平军到达初期，大渡河水并不大，水势也不凶猛。此时，当地及上游地区已多日未有降水，因此河水只是比枯水期稍大而已。见此情景，石达开召集众将商议后，命令士兵扎木筏上百只，准备第

◆河水暴涨

二天抢渡。

岂料当晚，紫打地一带黑云密布，闷热异常，半夜时分，狂风大作，铺天盖地的冰雹袭来，打得人们不敢在外停留，少顷之后冰雹停止，天空又下起了倾盆大雨。雨水很快湿透了营帐，衣裤被褥全被雨水打湿，将士们苦不堪言。这天晚上，不仅紫打地一带狂风暴雨大作，大渡河上游的很多地区也下起了罕见的大雨或暴雨。

狂风暴雨持续了整整一晚。第二日，当石达开及其部下来到河边时，不禁倒吸了一口凉气，只见昨日平静温顺的河流不见了，呈现在眼前的是一条奔腾怒吼的“黄龙”——滔滔河水浊浪排空，激流翻滚，大浪激起竟有十多米高。见此情景，将士均面露惧色。但此时敌人正四面聚集，形势对太平军越发不利。为抢占先机，石达开咬牙下令抢渡。很快就有一大半木筏被滔天巨浪打翻，落水将士无一幸免于难。加上对岸的清军不断用火炮轰击，激起的大浪几乎将剩余的木筏打翻，落水者不计其数。

太平军死伤惨重，眼见渡河无望，石达开慷慨悲歌，写下了这样的诗句：苍天意茫茫，群生何太苦。大江横我前，临流曷（何）能渡？

泥石流雪上加霜

渡河失利，太平军当时还有一条路可走：那就是抢渡紫打地西面的松林河。若渡河成功，则可暂时避开前堵后追的敌军，进入泸定休整。岂知，昨日未被太平军放在眼里的松林河，在一夜暴雨之后，成了横在大军面前一道不可逾越的障碍。

松林河是大渡河的一条支流，发源于紫打地附近的雪山。这是通往甘孜州泸定县方向的一条小河，河面最宽处不足百米，最窄处仅三四十米。这条河水温奇低，寒彻入骨。那是因为松林河距海拔 7556 米的贡嘎山不到百里，高山化雪之水倾泻而下，奇寒无比。有人据此推测，当年石达开抢渡大渡河失利后，之所以没有向西抢渡松林小河，就是因为河水温度太低，太平军将士不敢下水，从而失去了最后的生机。

◆泥石流灾害

其实，水温过低只是次要原因，主要的原因是那夜暴雨引发的特大泥石流。据《雅州史志》等史料记载，当年石达开到来时，松林河对岸有清军千户王应元的士兵守卫，士兵拆掉了松林河吊桥。为迷惑石达开军队，王应元还将竹篾编的晒席裹成筒，用墨染黑，做了上百个“炮筒”。石达开军队起初以为是大炮，所以不敢轻举妄动。直至抢渡大渡河失利后，太平军才准备孤注一掷，冒险转攻西面的松林河。但前哨部队到达河边时，不由惊呆了：只见松林河也是一片浊浪滔天，凶猛的洪水还引发了特大泥石流，河岸两旁山体垮塌，昨日还是几十米宽的河面，此时已成数百米；河中巨大的山石随洪水翻滚，轰隆隆的响声惊心动魄；在洪水的强力冲刷下，河岸还在不断垮塌，水流还在不断扩大……太平军将士别说过河，连望一眼都心惊胆战。见此情景，石达开不由对天长叹：“天亡我也！”

处于绝境的石达开，被迫做出了一个痛苦的抉择。为了保全两千多将士的性命，他大义凛然，携宰辅及两岁的儿子到清营投降，束手就擒。6 月 18 日，他和幼子被押解到成都，后在成都英勇就义。大渡河畔的两千多太平军将士也全部被害，鲜血染红了滔滔河水。

如今，一百多年过去了，人们回顾那场惊心动魄、血雨腥风的战争时，都把石达开的失利归罪于天堑大渡河。其实，真正的罪魁祸首是暴雨引发的洪水和泥石流。

野外遭遇泥石流怎么办？

泥石流是指在山区或者其他沟谷深壑等地形险峻的地区，因为暴雨、暴雪或其他自然灾害引发山体滑坡并挟带有大量泥沙和石块的特殊洪流。在野外徒步行走，一旦遭遇大雨，发现山谷有异常的声音或听到警报时，应立即观察地形，迅速向坚固的高地或沟谷两侧的山坡转移，千万不要在谷地停留。如果泥石流已经发生，要马上向与泥石流成垂直方向的山坡上爬，爬得越高越好，决不能向泥石流流动的方向走。

幻景助军克城堡

——揭开达坂城“神兵天降”的秘密

1877 年 4 月，清军将领刘锦棠率领大军，攻打被侵略者阿古柏占据的新疆达坂城，历时短短四天，击溃达坂城守敌，轻松收复了达坂城，这就是达坂城之战。

这场战役，清军不但人数占优势，而且武器精良，打败侵略者顺理成章，并且战争过程中出现的一种自然现象——海市蜃楼，也助了清军一臂之力。可以说，正是海市蜃楼制造的幻景，成了压垮敌人的最后一根稻草。下面，咱们一起来分析分析吧。

中亚屠夫阿古柏

这场战争的始作俑者，是一个名叫阿古柏的人。

阿古柏原本是中亚浩罕汗国的一名将领。1864 年，清朝下辖的新疆各地相继爆发反清起义，阿古柏见有机可乘，便率领军队侵入新疆，先是占领了南疆的大片土地，成立了所谓的哲德沙尔汗国，接着又侵入北疆，占领了乌鲁木齐和吐鲁番等地。

阿古柏占领新疆期间，一方面进行残酷的经济掠夺，另一方面实行恐怖统治。不仅如此，阿古柏还勾结英国和沙俄残害百姓。百姓都期盼清王朝能出兵赶走阿古柏，甚至有人不远万里、长途跋涉到北京向清廷呈报情况。

清王朝当然不会坐视不管，1875 年，光绪帝任命左宗棠为钦差大臣，率领大军收复新疆。左宗棠是晚清著名的政治家和军事家，也是一位了不起的民族英雄。接到命令后，左宗棠很快制订了战略战术，并进行了一系列准备。第二年，清军在肃州（今甘肃酒泉）誓师后，进入新疆，不久便收复了古牧地、乌鲁木齐、玛纳斯等北疆地区。紧接着，大军兵分三路进入南疆，准备收复被阿古柏侵占的南疆各地。

清军进攻达坂城

清军进入南疆的第一场硬仗，便是达坂城之战。

达坂城位于天山北麓，准噶尔盆地南段，在维吾尔语中，“达坂”是“山的脊梁”的意思。这里是南北疆的交通要冲，自古以来便是丝绸之路上的重要驿站。清军收复北疆后，阿古柏控扼天山隘口，并驻重兵防守，以阻止清军南进。

率军攻打达坂城的清军将领，是左宗棠西征军的主将刘锦棠。刘锦棠是湖南湘乡人，他打仗勇猛，有胆有识。1877年4月中旬，刘锦棠率领主力1万余人及一支开花炮队（即炮兵）从乌鲁木齐出发，两日后夜间抵达了达坂城外围。趁守城敌人不备，清军迅速包围了达坂城。阿古柏接到报告后，赶紧派兵前去达坂城增援，但刘锦棠早有准备，他分出一部分士兵对付增援之敌，很快将其击退，同时，开花炮队也在达坂城外筑起了一座座炮台。三日后，攻城大战正式打响，一门门开花大炮发出怒吼，向城中射出一颗颗"重磅"炮弹，一时间，城中硝烟弥漫，爆炸声此起彼伏。几轮炮击过后，达坂城中大炮台、月城和城垛全被轰塌。炮弹还击中了敌人的弹药库，引起了爆炸。敌军企图突围，但城外清军全力截杀，敌人死伤甚众，只得又退回了城中。

夜晚来临，清军暂时停止了攻击，达坂城终于安静下来，然而，一件意想不到的事情发生了。

"神兵"吓煞守敌

清军士兵虽然停止攻击，但并未撤回营地，而是在城外层层布防，以防城内守敌趁夜逃走。

天很快黑了下来，夜幕像浓浓的墨汁一般，迅速将大地染成了漆黑。清军士兵聚在城外，准备第二天一早继续攻城。4月的新疆昼夜温差极大，随着夜晚来临，气温迅速下降，一时寒气逼人。清军将士们坚持了大半宿，到了黎明时分，天气越

发寒冷。于是，大伙儿生起了一堆堆火取暖。刹那间，熊熊火光照亮了周围的一切。

城内守敌见状，都十分紧张，他们以为清军要攻城。就在守敌高度戒备、忐忑不安之时，一群乌鸦受到惊吓，呱呱叫着从头顶上飞过。这时，有个士兵指着左前方惊恐地叫起来："快看，那是什么？"士兵们转头一看，只见天空中出现了无数体形高大、身着黑衣的人影，他们面目狰狞，张牙舞爪，眼看就要扑到城楼上来。"不好，神兵来啦！"士兵们吓得就要朝城楼下跑。"不要跑，赶紧发炮！"守城将领还算镇定，立即下达了命令。士兵慌忙发炮轰击，没想到忙中出错，方向出现了偏差，只听轰的一声，炮弹在城边炸开，当即将城门炸开了一个口子。

在城外观察战况的清军士兵见状，赶紧报告主将刘锦棠，刘锦棠当机立断，下令攻城。清军从炸开的城门口子一拥而入，很快占领了达坂城，取得了收复南疆的第一场大捷。

"神兵天降"的真相

达坂城守敌见到的"神兵天降"到底是怎么回事呢？气象专家分析，这其实是光线折射形成的海市蜃楼现象。

海市蜃楼又称蜃景，是因为光的折射和全反射而形成的一种自然现象。我国山东蓬莱的海面上空经常出现这种幻景，古人便认为这是一种蛟龙——蜃吐气变幻的楼台城郭，将这种现象称为海市蜃楼。

海市蜃楼是如何形成的呢？先来说说折射。当光从一种透明介质斜射入另一种透明介质时，传播方向往往会发生变化，就如同我们看水里的鱼一样，当光线从空气进入水中时，由于折射，人的眼睛看到的鱼，与其真实位置总有一定的差距。海市蜃楼的形成，与水中鱼的位置偏离原理差不多，不过，海市蜃楼是由于冷热两种不同的空气介质造成的：热空气密度小，折射率低，而冷空气密度大，折射率高，当光线穿过两种不同的空气时，物体反射进入人眼的位置发生偏离，于是便出现了海市蜃楼。

◆海市蜃楼形成原理

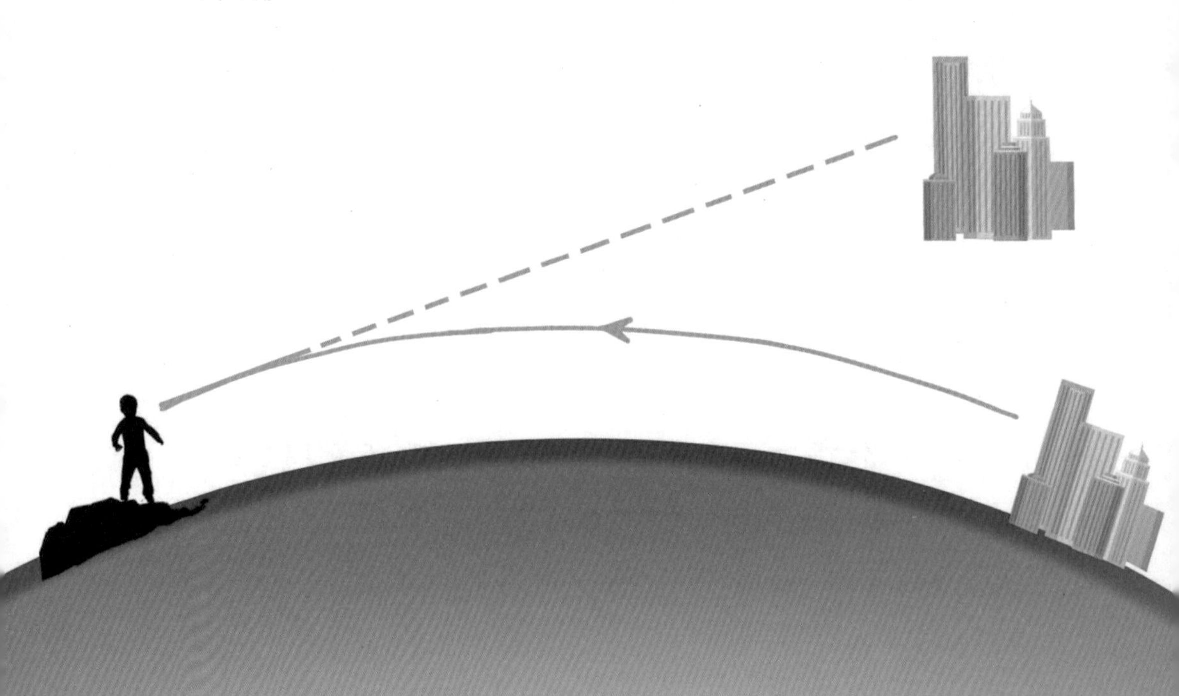

◆海市蜃楼

气象专家指出，“神兵天降”这种幻象，正是天气制造的海市蜃楼。当时天气十分寒冷，近地层空气密度很大，熊熊大火烧起来后，火堆上空的冷空气被加热，出现了密度很小的暖气流。这时碰巧有一群乌鸦受到惊吓，快速飞过达坂城上空，由于火光照射的光线通过密度不同的空气时发生折射，使得乌鸦的形状发生严重畸变，当它们反射进入守敌的眼中时，就变成高大威猛的神兵了。守敌由于不明白其中的科学原理，所以慌乱中炸坏了自家的城门。

沙漠里遇到海市蜃楼怎么办？

海市蜃楼出现时，会使陆地导航变得非常困难，因为这时四周模糊一片，天然特征变得很不清晰。同时，海市蜃楼还会使人难以辨别远处的物体，因而在沙漠中遇到海市蜃楼时很容易迷路。不过，只要站到一个高一点儿的地方（比如高出沙漠地面3米的山坡上），稍稍调整一下观望的高度，海市蜃楼的外观和高度就会发生改变，甚至会立即消失，人就能避开它的困扰了。